Thomas Lohse

Zuverlässigkeitsbetrachtungen für einen direktkonvertierenden Röntgenzeilendetektor und dessen Anwendung als spektroskopisches Dosimeter

TUD*press*

DRESDNER BEITRÄGE ZUR ZERSTÖRUNGSFREIEN PRÜFTECHNIK

Herausgegeben von K.-J. Wolter, N. Meyendorf, H. Heuer

Band 5

Thomas Lohse

Zuverlässigkeitsbetrachtungen für einen direktkonvertierenden Röntgenzeilendetektor und dessen Anwendung als spektroskopisches Dosimeter

TUDpress
2014

Die vorliegende Arbeit wurde am 29. 01. 2014 als Dissertation an der Fakultät Elektrotechnik und Informationstechnik der Technischen Universität Dresden eingereicht und am 26. 05. 2014 erfolgreich verteidigt.

Promotionskommission:

Vorsitzender: Prof. Dr. rer. nat. J. W. Bartha

Gutachter: Jun.-Prof. Dr.-Ing. H. Heuer
Prof. Dr. rer. nat. U. Schmid

Bibliografische Information der Deutschen Nationalbibliothek

Die Deutsche Nationalbibliothek verzeichnet diese Publikation in der Deutschen Nationalbibliografie; detaillierte bibliografische Daten sind im Internet über http://dnb.d-nb.de abrufbar.

Bibliographic information published by the Deutsche Nationalbibliothek

The Deutsche Nationalbibliothek lists this publication in the Deutsche Nationalbibliografie; detailed bibliographic data are available in the Internet at http://dnb.d-nb.de.

ISBN 978-3-944331-71-3

Verlag der Wissenschaften GmbH
Bergstr. 70 | D-01069 Dresden
Tel.: 0351/47 96 97 20 | Fax: 0351/47 96 08 19
http://www.tudpress.de

Für meine Familie.

Kurzfassung

Zählende, direktkonvertierende Röntgenzeilendetektoren auf Halbleiterbasis ermöglichen schnelle und hochauflösende Laminographie von Prüfobjekten bei der Fertigung elektronischer Baugruppen sowie in der Medizintechnik. Eine weitere Anwendung ergibt sich als spektroskopisches Dosimeter durch die Auswertung der tiefenabhängigen Absorption im sensitiven Material. Röntgendetektoren unterliegen jedoch der ionisierenden Wirkung von Röntgenstrahlung. Sowohl Halbleiter, die für die Auswerteelektronik und für den Absorber genutzt werden, als auch die verwendeten Klebstoffe degradieren durch den Einfall von Röntgenstrahlung. Daher muss bei der Entwicklung des Röntgendetektors auf ein ganzheitliches strahlenresistentes Design geachtet werden.

Ein geeignetes Aufbaukonzept zeichnet sich durch die Minimierung der Strahlenbelastung empfindlicher Detektorkomponenten aus. Die Strahlenresistenz der Auswerteelektronik auf CMOS-Basis (Complementary Metal-Oxide-Semiconductor) kann durch die Verwendung von Ringtransistoren anstelle von gestreckten Transistoren erhöht werden. Wesentliche Schädigungen infolge von Röntgenbestrahlung wie die Ausbildung von lokalen Aufladungen und parasitären leitfähigen Pfaden werden so reduziert. Die durch die Messung von Ausgangs- und Transferkennlinien erhaltenen Schwellenspannungen und Drainströme zeigen mögliche Veränderungen infolge der Bestrahlung auf. Bei der Wahl der zu verwendenden Epoxidklebstoffe ist auf eine hohe Strahlenresistenz zu achten. Kriterien zur Bewertung möglicher Degradation der Klebstoffe sind Konstanz der mechanischen Festigkeit und der chemischen Zusammensetzung der Epoxidklebstoffe. So belegen verschiedene Charakterisierungsverfahren die Eignung der thermisch leitfähigen und elektrisch isolierenden/leitfähigen Epoxidklebstoffe.

Neben der Nutzung des Zeilendetektors zur Bildgebung kann dieser auch als spektroskopisches Dosimeter zur Ermittlung von momentanen Emissionsspektren von Röntgenröhren dienen. Somit können die Eigenschaften der emittierten Röntgenstrahlung durch die Kenntnis der spektralen Zusammensetzung bestimmt werden. Durch die Ermittlung von Dosis und lokaler Dosisverteilung kann die Bildqualität von Röntgendetektoren optimiert und gegebenenfalls der Bedarf von notwendigen Schirmungen in Röntgendetektoren genau festgelegt werden. Es werden Rekonstruktionen durch numerische Integration mittels vorgeformter Bremsspektren durchgeführt und mit simulierten Röhrenspektren verglichen.

Abstract

Counting direct converting X-ray line detectors based on semiconductors allow for fast and high resolution laminography of test objects in production of electronic assemblies and in medicine technology. Another application presented here is the spectroscopic dosimeter by evaluating the depth-dependent absorption in the sensitive material. But X-ray detectors are subject to ionizing impact of X-irradiation. Semiconductors which are used for the evaluation electronics and the absorber as well as the applied adhesives degrade due to incidence of X-rays. For this reason, the development of X-ray detectors requires a holistic radiation resistant design.

A useful assembly concept is characterized by minimization of radiation exposure to sensitive detector components. Radiation resistance of evaluation electronics based on CMOS technology (Complementary Metal-Oxide-Semiconductor) can be increased by using ring transistors instead of standard transistors. Considerable damages resulting from X-irradiation like formation of local charges and parasitic conductive paths can be reduced thereby. Threshold voltages and drain currents derived from measuring output characteristics and transfer characteristics show possible changes due to X-irradiation. Among the needed adhesives one should choose those with a high radiation resistance. Criteria for evaluating possible degradation of adhesives are consistency of mechanical strength and chemical composition. Diverse characterization procedures show suitability of thermally conductive and electrically insulating/conductive epoxy adhesives.

Beside the usage of the X-ray line detector for imaging, it can be used as a spectroscopic dosimeter to determine current emission spectra of X-ray tubes. Consequently, properties of emitted X-rays can be specified based on the knowledge of the spectral composition. Determination of dose and local dose distribution allow for optimization of image quality of X-ray detectors and precise definition of possible need for shielding within X-ray detectors. Spectra reconstructions are performed by numerical integration by preshaped bremsspectra and compared with simulated spectra of X-ray tubes.

Inhaltsverzeichnis

Abkürzungsverzeichnis

Abkürzung	Beschreibung
ATR	Abgeschwächte Totalreflektion *engl.: Attenuated Total Reflection*
a.u.	willkürliche Einheiten *engl.: arbitrary units*
B	Bulk eines Transistors
CCD	Ladungsgekoppeltes Bauelement *engl.: Charge-Coupled Device*
CCE	Ladungsausbeute *engl.: Charge Collection Efficiency*
CMOS	Komplementärer Metall-Oxid-Halbleiter *engl.: Complementary Metal Oxide Semiconductor*
CSA	Ladungsverstärker *engl.: Charge Sensitive Amplifier*
D	Drain eines Transistors
DC	Gleichstrom *engl.: Direct Current*
DQE	Quantenwirkungsgrad *engl.: Detective Quantum Efficiency*
ESR	Elektronenspinresonanz
EDX	Energiedispersive Röntgenspektroskopie
FR4	Leiterplattenmaterial aus Epoxidharz und Glasfasergewebe
FTIR-Spektroskopie	Fourier-Transformations-Infrarotspektroskopie
G	Gate eines Transistors

Abkürzung	**Beschreibung**
IR	Infrarot
K	K-Schale der Elektronenhülle
L	L-Schale der Elektronenhülle
LEC	Liquid Encapsulated Czochralski
M	M-Schale der Elektronenhülle
MIR	Mittleres Infrarot
MOSFET, kurz: MOS	Metall-Oxid-Halbleiter-Feldeffekttransistor *engl.: Metal-Oxide-Semiconductor Field-Effect Transistor*
MTF	Kontrastübertragungsfunktion *engl.: Modulation Transfer Function*
NEXAFS	Röntgen-Nahkanten-Absorptions-Spektroskopie *engl.: Near-Edge X-ray Absorption Fine Structure*
NMOS	n-Kanal-MOSFET
OAS	Optische Absorptionsspektroskopie
OTA	Transkonduktanzverstärker *engl.: Operational Transconductance Amplifier*
PMOS	p-Kanal-MOSFET
REM	Rasterelektronenmikroskopie
S	Source eines Transistors
SMD	Oberflächenmontiertes Bauelement *engl.: Surface-Mounted Device*
SNR	Signal-Rausch-Verhältnis *engl.: Signal-to-Noise-Ratio*
VGF	Vertical Gradient Freeze
UV	Ultraviolett
XPS	Röntgenphotoelektronenspektroskopie
XRD	Röntgendiffraktion
XRR	Röntgenreflektometrie
YTZ	Keramik aus Yttrium-stabilisiertem Zirkonoxid (95% ZrO_2, 5% Y_2O_3)

1 Einleitung

Zählende, direktkonvertierende Röntgenzeilendetektoren auf Halbleiterbasis ermöglichen schnelle und hochauflösende Laminographie von Prüfobjekten bei der Fertigung elektronischer Baugruppen sowie in der Medizintechnik. Eine weitere Anwendung ergibt sich als spektroskopisches Dosimeter durch die Auswertung der tiefenabhängigen Absorption im sensitiven Material. Direktkonvertierende Röntgendetektoren bieten gegenüber dem vielfach verwendeten Szintillationsprinzip eine bessere Ortsauflösung durch geringeres Übersprechen ohne zusätzliche Maßnahmen sowie eine höhere Detektionsgeschwindigkeit durch das Vermeiden eines Nachleuchtens des Szintillators infolge der Röntgenbestrahlung.

Röntgendetektoren unterliegen jedoch der ionisierenden Wirkung von Röntgenstrahlung. Sowohl Halbleiter, die für die Auswerteelektronik und für den Absorber genutzt werden, als auch die verwendeten Klebstoffe degradieren durch den Einfall von Röntgenstrahlung. Daher muss bei der Entwicklung des Röntgendetektors auf ein ganzheitliches strahlenresistentes Design geachtet werden. Lange Standzeiten des Röntgendetektors erfordern ein geeignetes Aufbaukonzept sowie die Verwendung strahlenresistenter Auswerteelektronik und unempfindlicher Klebstoffe.

Ein geeignetes Aufbaukonzept zeichnet sich durch die Minimierung der Strahlenbelastung empfindlicher Detektorkomponenten aus. Die Strahlenresistenz der Auswerteelektronik auf CMOS-Basis (Complementary Metal-Oxide-Semiconductor) kann durch die Verwendung von Ringtransistoren anstelle von gestreckten Transistoren erhöht werden. Wesentliche Schädigungen infolge von Röntgenbestrahlung sind die Ausbildung von lokalen Aufladungen und parasitären leitfähigen Pfaden sowie die Verringerung der Ladungsträgerbeweglichkeit. Eine Aussage bezüglich der Strahlenresistenz von Transistoren liefert die Messung von Ausgangs- und Transferkennlinien. Die erhaltenen Schwellenspannungen und Drainströme charakterisieren die Transistoren und zeigen mögliche Veränderungen infolge der Bestrahlung auf. Bei der Wahl von elektrisch isolierenden und elektrisch leitenden Epoxidklebstoffen ist auf eine hohe Strahlenresistenz zu achten. Kriterien zur Bewertung möglicher Degradation der Klebstoffe sind Konstanz der mechanischen Festigkeit und der chemischen Zusammensetzung der Epoxidklebstoffe. Zusätzlich soll die Röntgenbestrahlung nicht die elektrische Leitfähigkeit des elektrisch leitenden Epoxidklebstoffs beeinträchtigen. Die Eigenschaften der verwendeten Klebstoffe werden durch

Schertests (zur Überprüfung der mechanischen Festigkeit), Rasterelektronenmikroskopie (zur visuellen Inspektion), energiedispersive Röntgenspektroskopie, Fourier-Transformations-Infrarotspektroskopie (beide zur Überprüfung der chemischen Zusammensetzung) und Leitfähigkeitsmessungen bestimmt.

Neben der primären Nutzung des Zeilendetektors zur Bildgebung kann dieser auch als spektroskopisches Dosimeter zur Ermittlung von momentanen Emissionsspektren von Röntgenröhren dienen. Somit können die Eigenschaften der emittierten Röntgenstrahlung durch die Kenntnis der spektralen Zusammensetzung bestimmt werden. Veröffentlichte oder berechnete Emissionsspektren entsprechen oft nicht dem tatsächlichen Spektrum, da jede Röntgenröhre unterschiedliche Bremsspektren erzeugt. Durch die Ermittlung von Dosis und lokaler Dosisverteilung kann die Bildqualität von Röntgendetektoren optimiert und gegebenenfalls der Bedarf von notwendigen Schirmungen in Röntgendetektoren genau ermittelt werden. Zusätzlich kann durch die Kenntnis von Dosis und lokaler Dosisverteilung eine Dosisreduktion erzielt werden, die insbesondere bei medizinischen Anwendungen große Bedeutung besitzt. Die Drehung der Einstrahlrichtung um 90° gegenüber der Einstrahlrichtung des bildgebenden Röntgendetektors liefert eine von der Photonenenergie abhängige Eindringtiefe der Photonen. Die erhaltenen Zählwertverteilungen und die anschließende Anwendung von geeigneten Rekonstruktionsalgorithmen bilden die Grundlage zur Ermittlung des Emissionsspektrums einer Röntgenröhre. Dabei beschränken sich die durchgeführten Spektrenrekonstruktionen auf die Bremsstrahlung des Röhrenspektrums. Als Rekonstruktionsalgorithmus dient die numerische Integration mittels eines vorgeformten Bremsspektrums, wobei die Bewertung der Anpassung mithilfe der Methode der kleinsten Quadrate erfolgt. Zur Evaluierung der rekonstruierten Emissionsspektren dient ein Vergleich mit simulierten Emissionsspektren.

Die vorliegende Dissertation dokumentiert in den ersten Kapiteln die zum Verständnis der Dissertation notwendigen Grundlagen zur Röntgenstrahlung (Kapitel 2), zu Röntgendetektoren (Kapitel 3) sowie zu Degradationsmechanismen infolge Röntgenbestrahlung und Möglichkeiten für die Charakterisierung der Degradation (Kapitel 4). Kapitel 5 stellt den Aufbau und die Funktion des Zeilendetektors vor und verdeutlicht in ersten Messungen mithilfe des Zeilendetektors dessen Nutzbarkeit für die beschriebenen Anwendungen. Kapitel 6 beinhaltet die umgesetzten Zuverlässigkeitsuntersuchungen für die Auswerteelektronik sowie für die Epoxidklebstoffe. Abschließend dokumentiert Kapitel 7 die Anwendung des Zeilendetektors als spektroskopisches Dosimeter.

2 Grundlagen Röntgenstrahlung

2.1 Erzeugung von Röntgenstrahlen mittels Röntgenröhren

Röntgenstrahlung wurde 1895 von Wilhelm Conrad Röntgen entdeckt und bezeichnet elektromagnetische Wellen mit Photonenenergien im Bereich zwischen 100 eV und einigen MeV. In Röntgenröhren entstehen Röntgenstrahlen durch Wechselwirkung zwischen beschleunigten Elektronen und den inneren Hüllenelektronen eines Targetmaterials [1]. Darüber hinaus kann Röntgenstrahlung von Isotopen und Plasmen emittiert und durch Synchrotrone erzeugt werden. Den typischen Aufbau einer Röntgenröhre zeigt Bild 1. An einen aus Wolfram bestehenden Draht wird eine Heizspannung U_H von einigen Volt bei einem Heizstrom von 3 ... 5 A angelegt [1]. Dies verursacht den Austritt von thermisch angeregten Elektronen aus der Wolfram-Kathode durch Glühemission. Die Elektronen gelangen durch das Anlegen einer Beschleunigungsspannung U_B zwischen Kathode und Anode zum gegenüber der Röhrenachse geneigten Anodentarget, wobei die Absorption der Elektronen von Luftmolekülen bei geeignetem Vakuum und somit hinreichend großer mittlerer freier Weglänge vermieden wird. Die im Anodentarget entstehende Röntgenstrahlung setzt sich aus Bremsstrahlung und charakteristischer Röntgenstrahlung zusammen.

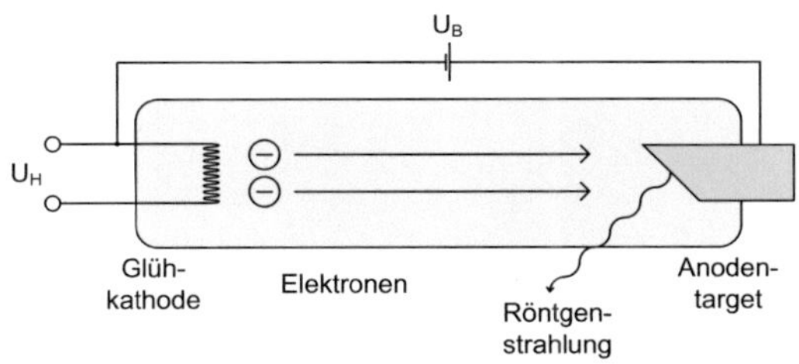

Bild 1: Aufbau einer Röntgenröhre (U_H ... Heizspannung, U_B ... Beschleunigungsspannung)

2.1.1 Bremsstrahlung

Einfallende Elektronen mit der Energie $E_e = eU_B$ erfahren im elektrischen Feld der Atomkerne des Anodenmaterials sowohl Abbremsungen als auch Richtungsänderungen (e ... Elementarladung). Bild 2 zeigt diesen Vorgang vereinfacht für eine einstufige Abbremsung. Tatsächlich wechselwirken Photonen und Anodenmaterial jedoch in mehrstufigen Bremsvorgängen. Die Differenz der kinetischen Energie der Elektronen wird zu einem Prozent zu Photonenenergie und zu 99 % zu thermischer Energie umgewandelt, wodurch eine Abführung der thermischen Energie durch Kühlung des Anodenmaterials notwendig wird. Die Photonenenergie E_{Ph} berechnet sich gemäß Formel 1 [1] (h ... PLANCK'sches Wirkungsquantum, f ... Frequenz, c ... Lichtgeschwindigkeit, λ ... Wellenlänge, m_e ... Masse des Elektrons, v_1 ... Geschwindigkeit des einfallenden Elektrons, v_2 ... Geschwindigkeit des abgebremsten Elektrons). Dabei ist die maximale Photonenenergie für den Fall einer vollständigen Abbremsung des Elektrons gleich der Energie des einfallenden Elektrons ($E_{Ph} \leq E_e$).

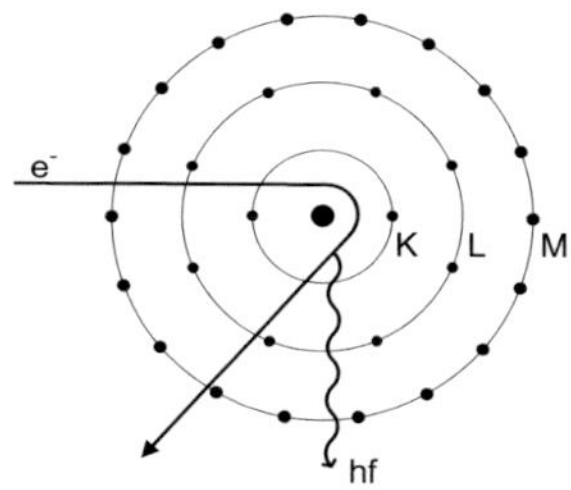

Bild 2: Entstehung der Bremsstrahlung *hf* durch einstufige Abbremsung eines Elektrons *e*⁻ (mit K-, L-, M-Schale der Atomhülle)

$$E_{Ph} = hf = \frac{hc}{\lambda} = \frac{1}{2} m_e (v_1^2 - v_2^2) \tag{1}$$

Bei sehr dünnen Targets (d ≪ 1 µm) ist jeder Energieverlust der Elektronen gleich wahrscheinlich. Somit entspricht der Verlauf der spektralen Energieverteilung einer Konstanten [2]. Die Intensität *I* der Röntgenstrahlung, also die pro Zeiteinheit in die Strahlungsrichtung ausgesandte Strahlungsenergie, berechnet sich entsprechend Formel 2 [3] (k_1 ... Materialkonstante, I_r ... Röhrenstrom, Z ... Ordnungszahl, U_B ... Beschleunigungsspannung).

$$I = k_1 I_r Z U_B^2 \tag{2}$$

Ein massives Target kann als Stapel vieler dünner Targets gesehen werden. Für diese Annahme ergibt sich das in Bild 3 gezeigte ideale Bremsspektrum am Beispiel einer Beschleunigungsspannung von 100 kV [2]. Der Schnittpunkt des idealen Bremsspektrums mit der Abszisse entspricht der maximalen Photonenenergie. Allerdings absorbieren dicke Targets einen Teil der entstandenen Röntgenphotonen noch bevor diese die Anode verlassen können. Dies betrifft insbesondere die niederenergetischen Photonen, so dass sich das reale Bremsspektrum in Bild 3 für dicke Targets ausbildet.

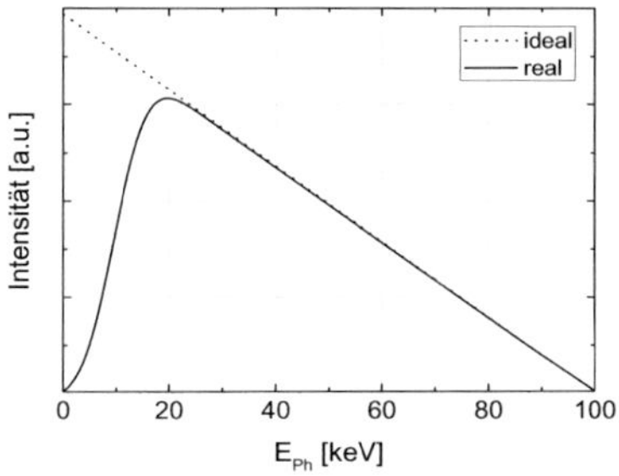

Bild 3: Ideales und reales Bremsspektrum einer Röntgenröhre in Abhängigkeit der Photonenenergie E_{Ph} am Beispiel der Beschleunigungsspannung $U_B = 100\,kV$

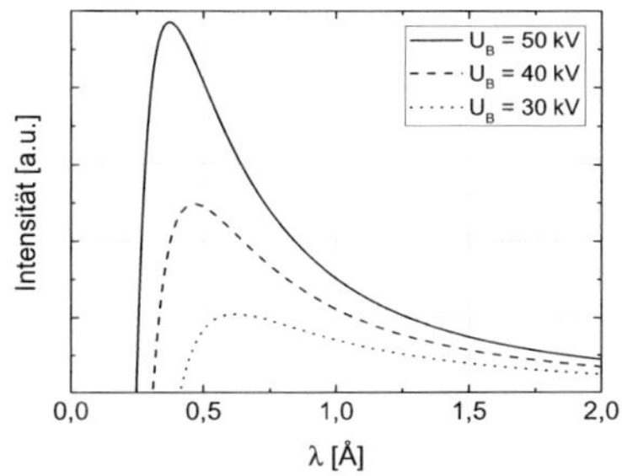

Bild 4: Ideales Bremsspektrum einer Röntgenröhre in Abhängigkeit der Wellenlänge λ für verschiedene Beschleunigungsspannungen U_B

Vielfach lassen sich in der Literatur Bremsspektren in Abhängigkeit der Wellenlänge finden. Bild 4 zeigt solche Bremsspektren für verschiedene Beschleunigungsspannungen. Die Bremsspektren in Abhängigkeit der Photonenenergie lassen sich in Bremsspektren in Abhängigkeit der Wellenlänge durch Verwendung von Formel 3 überführen. Für die Umrechnung wird genutzt, dass die Fläche unter den verschiedenen Spektren gleichbleibt [2, 4].

$$I(\lambda) = \frac{hc}{\lambda^2} I(E) \tag{3}$$

Für den Fall einer einstufigen und somit spontanen vollständigen Abbremsung eines einfallenden Elektrons ergibt sich das DUANE-HUNTsche-Gesetz für die minimale Wellenlänge λ_{min} der Bremsstrahlung in Formel 4 [3, 5]. Für mehrstufige Abbremsungen nimmt die Wellenlänge dagegen größere Werte an.

$$\lambda_{min} = \frac{hc}{eU_B} \tag{4}$$

Eine erste Näherung für die Intensitätsverteilung der Bremsstrahlung in Abhängigkeit der Wellenlänge liefert die KRAMERsche Regel gemäß Formel 5 [4, 6] (k_2 ... Materialkonstante). Die Intensität der Bremsstrahlung beträgt Null für $\lambda = \lambda_{min}$ sowie für $\lambda = \infty$. Das Maximum der Intensitätsverteilung bei λ_{max} lässt sich durch Differentiation von Formel 5 und anschließendes Null-Setzen gemäß Formel 6 berechnen.

$$I(\lambda) = k_2 \left(\frac{1}{\lambda} - \frac{1}{\lambda_{min}} \right) \frac{1}{\lambda^2} \tag{5}$$

$$\lambda_{max} = \frac{3}{2} \lambda_{min} \tag{6}$$

2.1.2 Charakteristische Strahlung

Charakteristische Röntgenstrahlung entsteht, wenn einfallende Elektronen die Elektronen aus kernnahen Schalen der Atomhülle, wie in Bild 5 skizziert, herausschlagen. Dafür muss die kinetische Energie des einfallenden Elektrons größer als die Bindungsenergie des Elektrons der Atomhülle sein. Die entstandenen Leerstellen werden in der Folge durch Elektronen aus äußeren Schalen und somit durch höherenergetische Elektronen besetzt. Wird beispielsweise ein Elektron der K-Schale herausgeschlagen, kann diese Lücke entsprechend Bild 5 zum Beispiel durch Elektronen aus der L- oder M-Schale aufgefüllt werden. Die Energiedifferenz zwischen höherem und niedrigerem Besetzungsniveau wird in Form von charakteristischer Röntgenstrahlung mit diskreter Wellenlänge frei. Diese diskreten Photonenenergien sind charakteristisch für das jeweilige Anodenmaterial.

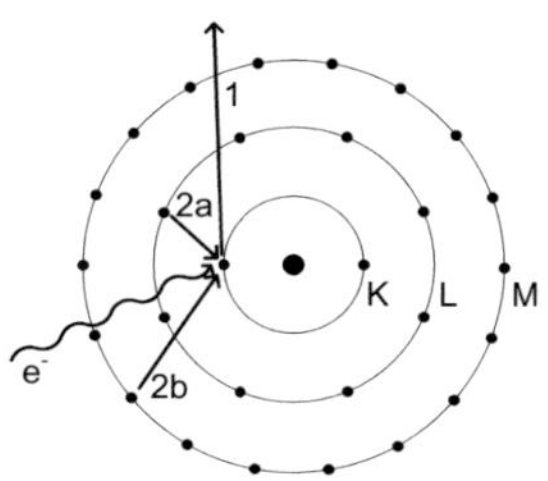

Bild 5: Entstehung der charakteristischen Röntgenstrahlung (1 ... herausgeschlagenes Elektron der K-Schale, 2a ... in K-Schale fallendes L-Elektron, 2b ... in K-Schale fallendes M-Elektron)

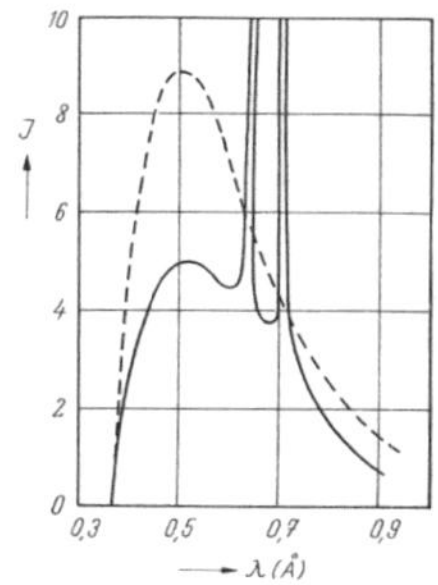

Bild 6: Röntgenspektren einer Molybdän-Anode (durchgängige Linie) und einer Wolfram-Anode (gestrichelte Linie) bei einer Beschleunigungsspannung $U_B = 35$ kV [1]

Bild 6 zeigt den Verlauf der Röntgenstrahlung an einem Molybdän- respektive einem Wolfram-Target bei einer Beschleunigungsspannung $U_B = 35$ kV [1]. Während 35 kV nicht zur Anregung der charakteristischen Röntgenstrahlung des Wolfram-Targets ausreichen, wird die Bremsstrahlung des Molybdän-Targets mit den Peaks der charakteristischen Röntgenstrahlung überlagert. Die markanten K-Linien der Molybdän-Anode liegen bei

0,63 Å (Dublett aus K_β- und K_γ-Linien) und 0,71 Å (K_α-Linie) [7].

Der integrale Anteil der charakteristischen Strahlung am gesamten Emissionsspektrum einer Röntgenröhre ist jedoch vernachlässigbar klein, so dass es für die Röntgensensorik ausreicht, den Anteil der Bremsstrahlung zu betrachten.

2.2 Wechselwirkung zwischen Röntgenstrahlen und Materie

Durch Wechselwirkung mit Materie können sich die Eigenschaften von Röntgenstrahlen hinsichtlich ihrer Richtung, Energie und Intensität ändern [8, 9]. Bild 7 zeigt die möglichen Wechselwirkungsprozesse von Röntgenstrahlung mit Materie [1, 3].

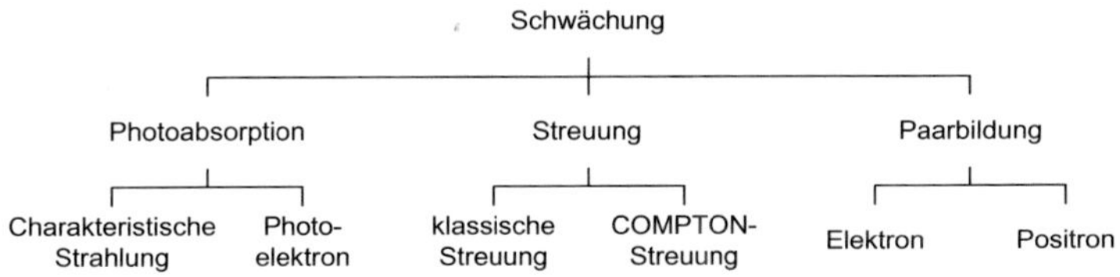

Bild 7: Übersicht über die verschiedenen Prozesse der Schwächung von Röntgenstrahlung beim Durchgang durch Materie [1, 3]

Photoabsorption: Das Photon gibt seine gesamte Energie an ein kernnahes Hüllenelektron eines Atoms ab. Die kinetische Energie des aus der Hülle herausgeschlagenen Photoelektrons ergibt sich aus der Photonenenergie abzüglich der Bindungsenergie des Elektrons. Im angeregten Atom wird das frei gewordene Energieniveau mit einem äußeren Elektron aufgefüllt, wodurch charakteristische Röntgenstrahlung ausgesandt wird.

Streuung: Die Streuung von Röntgenphotonen tritt bei Wechselwirkung einfallender Röntgenphotonen mit Hüllenelektronen auf und unterteilt sich in klassische Streuung und Compton-Streuung. Bei der elastischen klassischen Streuung wird das Röntgenphoton lediglich von seiner Bewegungsrichtung abgelenkt und es erfolgt keine Frequenzänderung. Bei der inelastischen Compton-Streuung erfährt das einfallende Röntgenphoton dagegen neben einer Richtungsänderung zusätzlich einen Energieverlust. Es entsteht ein hochenergetisches Elektron sowie ein degradiertes Photon.

Paarbildung: Die Paarbildung erfordert sehr hohe Photonenenergien von mindestens $2m_ec^2 = 1{,}02$ MeV (m_e ... Masse des Elektrons, c ... Lichtgeschwindigkeit). Zur Erfüllung des Impulserhaltungssatzes wird Materie als Partner benötigt, um den überschüssigen Impuls des einfallenden Photons aufzunehmen. Dieser Impulsübertrag erfolgt auf den Atomkern.

Alle Wechselwirkungen bedingen eine Schwächung der einfallenden Röntgenstrahlung entsprechend dem Lambert-Beerschen Schwächungsgesetz in Formel 7 (I ... Intensität nach dem Probendurchgang, I_0 ... Intensität vor dem Probendurchgang, μ ... Absorptionskoeffizient, d ... Schichtdicke, ρ ... Dichte). Häufig wird der Absorptionskoeffizient auf die Dichte des absorbierenden Materials bezogen. Der somit entstandene Massenabsorptionskoeffizient μ/ρ ist sowohl vom physikalischen Zustand als auch von der chemischen Bindung unabhängig und ist nur noch eine Funktion der Photonenenergie, der Ordnungszahl und der Massenzahl des Materials [3].

$$I = I_0 \cdot \exp(-\mu d) = I_0 \cdot \exp(-\frac{\mu}{\rho}\rho d) \tag{7}$$

Bild 8 zeigt den dominierenden Wechselwirkungsprozess in Abhängigkeit von Photonenenergie und Kernladungszahl (Ordnungszahl) [3]. In Abhängigkeit der Ordnungszahl dominiert der Photoeffekt eher bei niedrigen Photonenenergien, der COMPTON-Effekt vorrangig bei mittleren Photonenenergien und die Paarbildung eher bei hohen Photonenenergien.

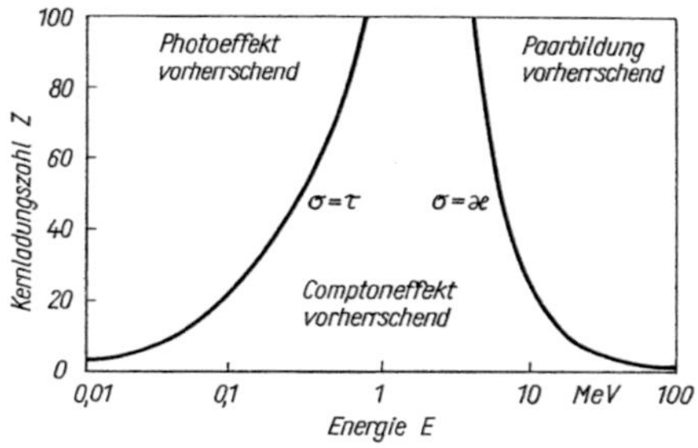

Bild 8: Abhängigkeit der Wechselwirkungsprozesse von der Photonenenergie E und der Kernladungszahl (Ordnungszahl) Z des Absorbers [3, 10]

3 Grundlagen Röntgendetektoren

Röntgendetektoren nutzen die ionisierende Wirkung von Röntgenstrahlung. Eine Unterteilung der wichtigsten Detektoren kann in chemische Detektoren (Film, Bildplatte), indirekte Detektoren (Szintillator) und direkte Detektoren (Gas, Halbleiter) erfolgen. Dabei bestimmt der Anwendungsfall die Wahl des geeigneten Detektors.

3.1 Detektoren auf Basis von Nichtleitern und Gasen

Film
Der Film nutzt die Wirkung des photografischen Effekts. Das im Film enthaltene Silbersalz wird durch absorbierte Röntgenquanten chemisch reduziert. Eine Entwicklung des Films macht die bestrahlten Bereiche als Schwärzung sichtbar [11]. Auch gegenwärtig werden Filme bei industriellen oder medizinischen Anwendungen genutzt, wobei die Verstärkerfolien von aktuellen Filmen die Röntgenstrahlung zunächst mittels eines fluoreszierenden Mediums in sichtbares Licht umwandeln und anschließend mit sehr großer Effizienz das sichtbare Licht absorbieren. Nachteilig sind der hohe Silberverbrauch sowie die geringe Empfindlichkeit des Films für den Fall, dass keine Verstärkerfolie verwendet wird.

Bildplatte (Speicherfolie)
Bei der Bildplatte wird der Lumineszenzeffekt genutzt. Eine Bildplatte ist mit einer flexiblen Plastikfolie beschichtet, die als sensitive Schicht eine etwa 150 µm dicke Lage BaFBr:Eu^{2+} aufweist [11]. In dieser Schicht werden die bestrahlten Europium-Atome in einen dreiwertigen Zustand überführt, so dass lokale Farbzentren entstehen. Eine Abrasterung der Bildplatte mittels eines Lasers liest die Lage der Farbzentren aus, indem das von den Farbzentren abgegebene Licht ausgewertet wird. Ein wesentlicher Vorteil einer Speicherfolie ist die Reversibilität der Umwandlungen, wodurch Speicherfolien mehrfach verwendet werden können.

Szintillationsdetektoren
Szintillationsdetektoren konvertieren Röntgenstrahlung in sichtbares Licht und ultraviolettes Licht (UV-Licht), um dieses nachfolgend beispielsweise durch CCD-Kameras (Charge-

Coupled Device) auszuwerten [12]. Einfallende Röntgenquanten reagieren mit dem Szintillator, so dass ein Energieübertrag entsteht. Dadurch gerät der Szintillator in einen instabilen angeregten Zustand. Nachfolgend geht der Szintillator durch Aussendung von Quanten sichtbaren Lichts in einen neuen stabilen Zustand über [3]. Das sensitive Material eines Szintillationszählers kann aus anorganischen oder organischen Kristallen, aber auch aus organischen Lösungen oder aus hochpolymeren Kunststoffen bestehen [1]. Aktuell werden vor allem anorganische Szintillatoren wie CsI:Tl, ZnSe:O, $LaBr_3$:Ce, Gd_2O_2S:Tb und Gd_2O_3:Eu als sensitives Material verwendet [13–16]. Ferner geht mit der Verwendung von ZnTe:O der Trend in Richtung halbleiterbasierter Szintillatoren [13], welche Verbesserungen hinsichtlich Konversionseffektivität und reduziertem Nachleuchten nach Abschalten der Röntgenstrahlung versprechen. Szintillationsdetektoren können für den Nachweis von Röntgen- und Gammastrahlung im Bereich von 5 keV ... 10 MeV genutzt werden [17].

Gasgefüllte Detektoren
Zu den gasgefüllten Detektoren zählen Ionisationskammern, Proportionalzählrohre sowie GEIGER-MÜLLER-Zählrohre [3]. In diesen werden Gasatome durch den Einfall von Röntgenstrahlung ionisiert. In Ionisationskammern verursacht das Anlegen einer Gleichspannung an gegenüberliegenden Elektroden die Trennung ionisierter Gasatome sowie deren Drift zu den Elektroden. Somit entsteht ein messbarer elektrischer Strom, der ein Maß für die Intensität der Röntgenstrahlung darstellt. Ionisationskammern eignen sich vor allem für die Messung großer Strahlungsintensitäten [11]. Allerdings wird die minimale Auflösung von Ionisationskammern durch das erforderliche Mindestgasvolumen begrenzt. Im Gegensatz zu Ionisationskammern verursacht die Ladungsträgertrennung bei höheren elektrischen Feldstärken bei Proportionalzählrohren und GEIGER-MÜLLER-Zählrohren veränderte Funktionsprinzipien (Lawinenvervielfachung durch Gasverstärkung respektive selbstständige Gasentladung).

3.2 Detektoren auf Basis von Halbleitern

3.2.1 Funktionsprinzip

Bild 9 verdeutlicht das Prinzip eines direktwandelnden Röntgendetektors auf Halbleiterbasis unter Ausnutzung des inneren photoelektrischen Effekts [1]. Sowohl der COMPTON-Effekt als auch die Paarbildung spielen am Beispiel von GaAs-basierten Röntgendetektoren für Photonenenergien unterhalb 200 keV eine untergeordnete beziehungsweise keine Rolle (siehe Tabelle 1 mit den aus Bild 8 abgeleiteten Wechselwirkungen sowie den zugehörigen Wirkungsquerschnitten [18]). So bewirkt der Einfall eines Photons durch den inneren

Wechselwirkung	Energiebereich	Wirkungsquerschnitt
Photoelektrischer Effekt	$< 200\,keV$	$\propto NZ^5$
COMPTON-Effekt	200 keV ... 8 MeV	$\propto NZ$
Paarbildung	$> 8\,MeV$	$\propto NZ^2$

Tabelle 1: Wechselwirkungen zwischen Röntgenphotonen und GaAs mit ihren Energiebereichen und Wirkungsquerschnitten (mittlere Ordnungszahl Z = 32) [18]

photoelektrischen Effekt die Generation von Elektron-Loch-Paaren. Dabei überträgt das Photon seine Energie nacheinander auf die Atome des Halbleiters. Das Photon erfährt aufgrund von Streuprozessen ständige Richtungsänderungen, die zur instantanen Ausbildung einer Ladungsträgerwolke führen. Die Anzahl der im Halbleiter generierten Elektron-Loch-Paare n_{eh} pro einfallendem Photon berechnet sich für den Idealfall gemäß Formel 8 (E_{Ph} ... Photonenenergie, E_g ... Bandlücke). Tatsächlich übersteigt die Ionisierungsenergie E_i jedoch die Energie der Bandlücke aufgrund reduzierter Quantenausbeute und sekundärer Ionisation [19], so dass effektiv eine geringere Ladungsmenge Q_{real} gemäß Formel 9 gebildet wird (e ... Elementarladung). Dabei hängt die Ionisierungsenergie linear von der Bandlücke ab [20]. Im GaAs entstehen beispielsweise beim Einfall eines Photons mit einer Energie von 50 keV bei Raumtemperatur etwa 12000 Elektron-Loch-Paare [21]. Aufgrund der in Tabelle 2 gezeigten niedrigen Ionisierungsenergien für Halbleiter kann im Vergleich zu anderen Prinzipien, beispielsweise zu gasgefüllten Detektoren mit einer Ionisierungsenergie von etwa 20 ... 30 eV, auf eine innere Verstärkung verzichtet werden [3, 17, 18].

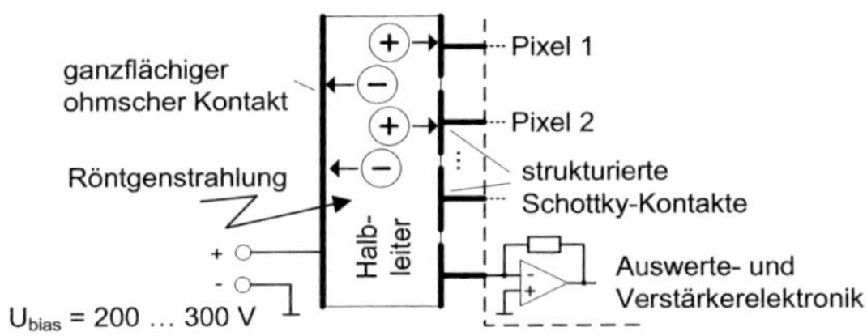

Bild 9: Prinzip eines direktwandelnden Röntgendetektors auf Halbleiterbasis

$$n_{eh,ideal} = \frac{E_{Ph}}{E_g} \tag{8}$$

$$Q_{real} = e n_{eh,real} = e\frac{E_{Ph}}{E_i} \tag{9}$$

Für die Trennung der generierten Elektron-Loch-Paare ist die Ausbildung einer Raumladungszone im gesamten Halbleiter notwendig [22]. Die Raumladungszone bildet sich im

Halbleiter	Bandlücke E_g [eV]	Ionisierungsenergie E_i [eV]
Ge	0,67	2,96
Si	1,12	3,62
GaAs	1,43	4,2

Tabelle 2: Bandlücken und Ionisierungsenergien ausgewählter Halbleitermaterialien bei T = 300 K [18]

Halbleiter aus, wenn dieser eine Diode darstellt und eine Gleichspannung in Sperrrichtung angelegt wird. Daher besitzt ein Röntgendetektor auf Halbleiterbasis einen SCHOTTKY-Kontakt und einen ohmschen Kontakt, um eine hochempfindliche Sperrschichtdetektion bei minimalen Dunkelströmen durchführen zu können [1, 3]. Die Weite der Raumladungszone w_{RLZ} berechnet sich gemäß Formel 10 in Abhängigkeit der angelegten Sperrspannung $U < 0$ (ε_0 ... elektrische Feldkonstante, ε_r ... relative Permittivität, e ... Elementarladung, N_A ... Akzeptorkonzentration, N_D ... Donatorkonzentration, U_D ... Diffusionsspannung). Die Diffusionsspannung U_D berechnet sich dabei gemäß Formel 11 (k ... BOLTZMANN-Konstante, T ... Temperatur, n_i ... Dichte der intrinsischen Ladungsträger). Die Ortsauflösung wird bei Halbleiterdetektoren typischerweise durch einen strukturierten Kontakt erreicht. Am Beispiel des in Bild 9 gezeigten Detektionsprinzips ist der SCHOTTKY-Kontakt strukturiert, während der ohmsche Kontakt ganzflächig aufgebracht ist [23, 24].

$$w_{RLZ} = \sqrt{\frac{2\epsilon_0\epsilon_r}{e}\frac{N_A + N_D}{N_A N_D}(U_D - U)} \tag{10}$$

$$U_D = \frac{kT}{e}\ln\frac{N_D N_A}{n_i^2} \tag{11}$$

Bevor die entstandenen Ladungsträger rekombinieren und sich so die Anzahl der auswertbaren Ladungsträger verringert, müssen die Elektronen und Löcher hinreichend schnell voneinander getrennt werden. Durch das Anlegen eines elektrischen Felds an die Elektroden des Detektors driften die Elektronen zur Anode und die Löcher zur Kathode [25, 26]. Erfahrungsgemäß ist für die Trennung der Ladungsträger eine Feldstärke von etwa 4000 V/cm erforderlich. Für Verbindungshalbleiter gilt im Gegensatz zu einem idealen elementaren Halbleiter (Silizium und Germanium), dass nicht alle generierten Ladungsträger die Elektroden erreichen können, da sie zuvor teilweise an den vorkommenden Störstellen rekombinieren. Die Quantenausbeute (CCE, Charge Collection Efficiency), also der Quotient aus auswertbarer Ladung Q und generierter Ladung Q_0, ist somit kleiner 1 und kann gemäß der HECHT-Gleichung in Formel 12 berechnet werden [27] (λ_e ... Diffusionslänge der Elektronen, λ_h ... Diffusionslänge der Löcher, L ... Detektordicke, x ... Abstand zwischen Ladungsentstehungsort und Kathode). Die Diffusionslänge der Elektronen und die Diffusionslänge der Löcher berechnen sich nach den Formeln 13 und 14 (τ_e ... Lebensdauer der Elektronen, τ_h ... Lebensdauer der Löcher, μ_e ... Beweglichkeit der Elektronen, μ_h ... Beweglichkeit der Löcher, E ... elektrische Feldstärke).

$$CCE = \frac{Q}{Q_0} = \frac{\lambda_e}{L}\left[1 - \exp\left(-\frac{L-x}{\lambda_e}\right)\right] + \frac{\lambda_h}{L}\left[1 - \exp\left(-\frac{x}{\lambda_h}\right)\right] \tag{12}$$

$$\lambda_e = \tau_e \mu_e E \tag{13}$$

$$\lambda_h = \tau_h \mu_h E \tag{14}$$

Haben die Ladungsträger die Elektroden erreicht, schließen sich die Verstärkung und die Auswertung der Zählimpulse durch nachgelagerte Elektronik an. Dies geschieht entweder nach dem integrierenden oder dem zählenden Prinzip [28]. Bei integrierenden Detektoren wird die entstandene Ladung in jedem Pixel in einem Kondensator gesammelt. Nach einer gewissen Integrationszeit werden die einzelnen Pixel ausgelesen. Dazu muss die analoge Spannung in einen digitalen Wert mit einem Analog-Digital-Wandler umgesetzt werden. Dagegen befindet sich bei zählenden Detektoren hinter jedem Pixel ein Vorverstärker, optional ein pulsformender Verstärker sowie ein Diskriminator [29–31]. Somit wird der Eingangsimpuls verstärkt und für den Fall einer Überschreitung der Diskriminatorschwelle an einen nachgelagerten Zähler weitergegeben. Zählende Detektoren haben eine Reihe von Vorteilen gegenüber integrierenden Detektoren [32]. So bewirkt das Setzen einer Energieschwelle, dass niederenergetisches Rauschen und niederenergetische Streustrahlung keinen Beitrag zum Messergebnis liefern. Weiterhin zeichnen sich zählende Detektoren durch einen großen dynamischen Bereich von typischerweise 15 ... 18 Bit aus und haben über den gesamten Dynamikbereich ein lineares Antwortverhalten. Zusätzlich ermöglichen zählende Detektoren eine Energiediskriminierung bei der Verwendung von mindestens zwei Komparatorschwellen.

3.2.2 Materialien

Sowohl elementare Halbleiter als auch Verbindungshalbleiter bieten sich zur Detektion von Röntgenstrahlung an. Für den Nachweis der Röntgenstrahlung bestehen folgende Anforderungen an den Halbleiter [18, 33, 34].

- hohe Ordnungszahl für hohes Absorptionsvermögen
- dicht gepacktes Gitter für hohe Dichte und somit hohes Absorptionsvermögen

- Bandlücke $E_g > 1{,}4\,eV$ zur Verhinderung thermischer Ladungsträgergeneration bei Raumtemperatur
- möglichst geringe Bandlücke zur Entstehung möglichst vieler Elektron-Loch-Paare für eine hohe Energieauflösung
- spezifischer elektrischer Widerstand $\rho > 10^8\,\Omega cm$ zum Anlegen einer ausreichend hohen Spannung zur Ladungsträgertrennung und zum Erreichen einer möglichst weiten Raumladungszone
- Beweglichkeits-Lebensdauer-Produkt $\mu_e\tau_e = \mu_h\tau_h > 10^{-2} \ldots 10^{-3}\,cm^2/V$ für eine hohe Quantenausbeute
- Störstellendichte $N_t < 5{\cdot}10^{12}\,cm^{-3}$ für eine hohe Quantenausbeute
- geringer Dunkelstrom für ein möglichst hohes Signal-Rausch-Verhältnis (SNR)

Ende der 90iger Jahre bildeten elementare Halbleiter wie Silizium und Germanium den Stand der Technik für die energiedispersive Spektrometrie [35–37]. Es existieren jedoch entscheidende Nachteile für beide Materialien. Zum einen erlaubt das geringe Absorptionsvermögen eher die Detektion niederenergetischer Röntgenstrahlung [38]. Zum anderen bedingen die geringen Bandlücken bei Raumtemperatur ($E_{g,Si} = 1{,}12\,eV$, $E_{g,Ge} = 0{,}67\,eV$ [18]) die Notwendigkeit von aufwendigen Kühlsystemen, um die thermische Generation von Ladungsträgern zu verhindern.

Bessere Eigenschaften bieten amorphe Selen-Schichten [39] und vor allem binäre, ternäre oder quaternäre Verbindungshalbleiter. Diese weisen eine große Bandbreite der aufgezählten physikalischen Parameter auf und gewährleisten somit eine Detektion von langwelliger Infrarotstrahlung bis hin zu Gammastrahlung [18]. Bereits 1945 wurden erste erfolgreiche Versuche zur Nutzung von Kompositmaterialien durchgeführt [40]. Als Basismaterial für Detektoren hoher spektraler und räumlicher Auflösung im Bereich $E_{Ph} = 1 \ldots 500\,keV$ eignen sich vor allem GaAs, InP, CdZnTe, HgI_2 und TlBr [38, 41–44]. Das Grundproblem stellt jedoch bereits die Herstellung der Verbindungshalbleiter dar, da chemische Reinheit, perfekte Struktur (niedrige Defektdichten, keine Verunreinigungen) sowie exakte und gleichverteilte Stöchiometrie vorausgesetzt werden. Mittels eines solchen Halbleiters können Photonen möglichst effektiv absorbiert und entstehende Elektron-Loch-Paare ausgewertet werden. So konnten mit GaAs, CdZnTe und HgI_2 nur wenige Materialien bis zuletzt funktionsfähig in Detektoren verbaut werden [18]. Für GaAs sprechen zum einen die sehr guten Eigenschaften für die Detektion von Röntgenstrahlung, wie die Nutzbarkeit für einen weiten Energiebereich der Röntgenstrahlung, die ideale Bandlücke $E_{g,GaAs} = 1{,}43\,eV$, die sehr hohe Ladungsträgerbeweglichkeit und die niedrige Konzentration von gleichmäßig verteilten Defekten. Zum anderen sind für GaAs großflächige Substrate verfügbar, für die allgemein relativ günstige Rohstoffpreise und standardisierte Bearbeitungsprozesse bestehen.

Für die Eigenschaften des GaAs spielt die Herstellungsart des Grundmaterials eine wichtige Rolle [45, 46]. So weist mittels des Liquid-Encapsulated-Czochralski-Verfahrens (LEC-Verfahrens) hergestelltes GaAs eine große Anzahl von Versetzungen, Korngrenzen, Punktdefekten, Verunreinigungen und Arsen-Präzipitaten auf [33], wodurch die Quantenausbeute herabgesetzt wird. Ungünstig ist weiterhin die nicht konstante Verteilung der Versetzungen über den Wafer, woraus eine Inhomogenität der elektrischen Eigenschaften resultiert. Dieser Effekt kann durch die Verwendung des Vertical-Gradient-Freeze-Verfahrens (VGF-Verfahrens) reduziert werden, da die Störstellen homogener verteilt sind. Epitaktisches GaAs bietet eine weitere Verbesserung der Eigenschaften. Es weist eine perfekte Homogenität der elektrischen Eigenschaften sowie eine niedrige Störstellenkonzentration auf. Als optimal haben sich 100 ... 200 µm dicke, epitaktische Schichten mit niedriger Dotierung herausgestellt [45].

Auch die Dicke des Halbleitermaterials spielt eine wesentliche Rolle hinsichtlich der Eigenschaften des Detektors. Prinzipiell sollte eine Mindestdicke bestehen, so dass genügend Photonen absorbiert werden können. Andererseits führen zu große Absorptionslängen zu niedrigeren Energieauflösungen sowie schlechteren spektralen Empfindlichkeiten [47, 48], da in diesem Fall zu viele Photonen der im Absorber entstehenden charakteristischen Röntgenstrahlung wiederum absorbiert werden [49].

3.2.3 Kontaktierung

Prinzipiell kann ein Metall-Halbleiter-Übergang als SCHOTTKY-Kontakt oder als ohmscher Kontakt realisiert werden [50–54] (siehe Abschnitt 3.2.1). Bei einem SCHOTTKY-Kontakt kommt es an der Kontaktstelle von Metall und Halbleiter zur Ausbildung einer Bandverbiegung im Halbleiter und somit zur Ausbildung einer Potentialbarriere, da die Austrittsarbeit des Metalls größer als die Elektronenaffinität des Halbleiters ist. Durch die Raumladungszone können sich nur bei positiver Polung des Metallkontakts die Elektronen aus dem Halbleiter in das Metall bewegen. Die entgegengesetzte Flussrichtung der Elektronen wird unterdrückt, so dass der SCHOTTKY-Kontakt den gleichrichtenden Charakter einer Diode aufweist. Typische Schichtfolgen für SCHOTTKY-Kontakte sind GaAs/Ti/Pt/Au [34, 47, 55, 56] oder auch GaAs/Ti/Pd/Au [46].

Ohmsche Kontakte können auf verschiedene Art hergestellt werden. Üblicherweise wird der kontaktnahe Bereich des Halbleiters dotiert, um an dieser Stelle eine höhere Leitfähigkeit zu erzielen. Aber auch eine Legierungsbildung des Halbleiters (z. B. Silizide) oder die Wahl eines Metalls mit geringer Austrittsarbeit können einen ohmschen Kontakt erzeugen. Die Dotierung des Halbleiters im kontaktnahen Bereich führt zu einer Verringerung der Weite der Raumladungszone gemäß Formel 10. Dabei wird der Effekt durch die mit steigender Dotierung leicht anwachsende Diffusionsspannung gemäß Formel 11 etwas abgeschwächt. Durch die schmalere Raumladungszone wird ein Tunneln der Ladungsträger ermöglicht, so dass die Potentialbarriere vernachlässigt werden kann. Typische Schichtfolgen für ohmsche Kontakte bestehen aus GaAs/Ni/Au/Ge/Au [34, 47, 55, 56] oder aus GaAs/Pd/Ge [46].

3.2.4 Vergleich zu Szintillationsdetektoren

Die Vorteile von Röntgendetektoren auf Halbleiterbasis im Vergleich zu den weitverbreiteten Szintillationsdetektoren sind vielfältig [3, 46, 57].

- einfacherer Aufbau, kein Photovervielfacher notwendig
- bessere Ortsauflösung durch geringeres Übersprechen ohne zusätzliche Maßnahmen
- kein Nachleuchten, höhere Geschwindigkeit
- Verbesserung des Quantenwirkungsgrads (DQE, Detective Quantum Efficiency)
- Verbesserung der Kontrastübertragungsfunktion (MTF, Modulation Transfer Function)
- höhere Empfindlichkeit, bessere Energieauflösung
- längere Lebensdauer

Weiterhin benötigen Photovervielfacher in Szintillatoren Hochspannungen von 2000 V. Allerdings kommen auch Halbleiterdetektoren nicht ohne Hochspannungen aus, da diese zur Ladungsträgertrennung notwendig sind.

Allerdings bestehen bei Röntgendetektoren auf Halbleiterbasis auch Nachteile im Vergleich zu Szintillationsdetektoren.

- keine intrinsische Verstärkung
- Beschränkung der Pixelgröße
- höhere Kosten

Aufgrund der großen Anzahl von Vorteilen der Röntgendetektoren auf Halbleiterbasis wurde dieses Detektionsprinzip für den entwickelten Röntgendetektor genutzt.

4 Degradationsmechanismen infolge Röntgenbestrahlung und Methoden zur Evaluierung der Degradation

Allgemein kann die Bestrahlung von Materialien mit energiereichen Partikeln und elektromagnetischer Strahlung (Protonen, Schwerionen, Röntgenstrahlen, Gammastrahlen) zu Materialveränderungen führen. Für die Anwendung des entwickelten Röntgendetektors ist die Degradation infolge Röntgenbestrahlung zu minimieren, um einen vorzeitigen Ausfall des Detektors zu verhindern. Eine mögliche Degradation der Detektorkomponenten betrifft insbesondere die auf CMOS-Technologie (Komplementärer Metall-Oxid-Halbleiter) beruhende Auswerteelektronik sowie die verwendeten Epoxidklebstoffe. Daher werden im Folgenden mögliche strahlungsinduzierte Degradationsmechanismen in diesen Detektorkomponenten beschrieben. Weiterhin werden wesentliche Methoden für die Charakterisierung möglicher Degradation angeführt, die für die Zuverlässigkeitsuntersuchungen des Röntgendetektors angewandt wurden.

4.1 Degradation der Auswerteelektronik

Die Diskussion erfolgt speziell für Silizium als Halbleiter und Siliziumoxid als Gateoxid, da diese Materialien in der Auswerteelektronik des Röntgendetektors eingesetzt werden. Für andere Halbleiter und Dielektrika gelten die Betrachtungen in vergleichbarer Form.

MOSFET-Strukturen (Metall-Oxid-Halbleiter-Feldeffekttransistor, kurz MOS) können durch den Einfall hochenergetischer schwerer Teilchen wie Protonen oder Neutronen sowie durch den Einfall von Röntgen- oder Gammaphotonen geschädigt werden [58–60]. Aus der Anwendung des Zeilendetektors heraus ergibt sich eine Begrenzung der nachfolgenden Diskussion auf den Einfluss von einfallenden Röntgenphotonen auf die implementierten MOS-Strukturen. Generell können Röntgenphotonen sowohl Volumen- als auch Oberflächeneffekte hervorrufen. Dabei wird die Wechselwirkung von Röntgenphotonen mit dem Kristallgitter des Halbleiters als Volumeneffekt bezeichnet. Der Einfall energiereicher Röntgenphotonen führt durch Verschiebungen von Gitteratomen und Interaktionen mit Atomkernen zu Materialveränderungen wie der Ausbildung von Rekombinationszentren, welche durch Verringerung von Beweglichkeit und Lebensdauer der Ladungsträger eine Abnahme der Stromverstärkung bedingt [58, 61]. Durch Tempern können diese Defekte gegebenenfalls ausgeheilt werden, wobei deren Anzahl bei konstanter Temperatur mit zunehmender Dauer exponentiell abfällt.

Oberflächen- oder Ionisationseffekte können in Kurz- und Langzeiteffekte unterteilt werden [58]. Kurzzeiteffekte treten bei kurzen, sehr hohen Strahlenbelastungen auf und verschwinden nach Abklingen der Strahlung wieder. Diese Kurzzeiteffekte beinhalten das Auftreten von Photoströmen in gesperrten pn-Übergängen, das Auftreten von Latch-Up-Effekten (Übergang in niederohmigen Zustand) in eigentlich gesperrten parasitären Vierschichtfolgen (entstehen bei Integration von CMOS-Strukturen zwischen benachbarten Transistoren) oder das Auftreten von lokalen Durchbrüchen. Für die Anwendung des entwickelten Zeilendetektors sind diese Effekte jedoch irrelevant, da die applizierte Strahlendosis zu gering ist. Dagegen erlangen durch Ionisation hervorgerufene Langzeiteffekte große Bedeutung. Diese Effekte bewirken eine Verschiebung der Schwellenspannung, eine Verringerung der Ladungsträgerbeweglichkeit, eine Erhöhung der Leckströme sowie eine Veränderung der Durchschlagfestigkeit [58–60, 62, 63]. Die Ionisationseffekte entstehen bei Röntgenbestrahlung sowohl in halbleitenden als auch in isolierenden Gebieten von MOS-Strukturen. Dabei entstehen in beiden Gebieten Elektron-Loch-Paare, deren Anzahl von der Energie der einfallenden Photonen sowie von der Bandlücke E_g respektive von der Ionisierungsenergie E_i abhängt (siehe Abschnitt 3.2.1). Im Silizium werden beispielsweise fünf mal mehr Elektron-Loch-Paare als im Siliziumoxid gebildet ($\mathrm{E_{g,Si}} = 1{,}12\,\mathrm{eV}$, $\mathrm{E_{g,SiO_2}} = 9{,}1\,\mathrm{eV}$, $\mathrm{E_{i,Si}} = 3{,}6\,\mathrm{eV}$, $\mathrm{E_{i,SiO_2}} = 18\,\mathrm{eV}$ [60, 61]). Während sich die Beweglichkeiten der Elektronen und Löcher im Silizium bei Raumtemperatur nur um etwa Faktor 3 unterscheiden ($\mu_{\mathrm{e,Si}} = 1350\,\mathrm{cm^2/Vs}$, $\mu_{\mathrm{h,Si}} = 480\,\mathrm{cm^2/Vs}$, jeweils bei niedrigen Dotierungen [64]), ist die Beweglichkeit der Elektronen im Siliziumoxid im Vergleich zur Beweglichkeit der Löcher bei Raumtemperatur um mehrere Größenordnungen größer [59]. Durch die sehr ähnlichen Beweglichkeiten von Elektronen und Löchern im Silizium können sich Elektronen und Löcher unter dem Einfluss des elektrischen Felds nahezu gleichermaßen fortbewegen. Elektronen und Löcher können driften, diffundieren oder auch miteinander rekombinieren, so dass eine direkte Aufladung des Silizium-Substrats infolge der Röntgenbestrahlung praktisch vermieden wird. Ähnlich können Elektronen im Siliziumoxid aufgrund ihrer Beweglichkeit leicht durch Drift- und Diffusionsvorgänge abwandern, während die kaum beweglichen Löcher zunächst relativ ortsgebunden sind und dann durch negativ geladene Trapzentren in Form von offenen Bindungen eingefangen werden. Durch die getrapten Löcher entsteht somit eine positive Aufladung des Siliziumoxids.

Isolierende Gebiete weisen durch ihre hohe Dichte von Versetzungen und Verunreinigungen eine Vielzahl offener Bindungen auf, wodurch dort die Ionisationseffekte noch begünstigt werden. Diese zahlreichen Trapzentren finden sich in Form vieler Traplevels in der großen Bandlücke des Siliziumoxids wieder [63]. Wesentlich ist weiterhin das Auftreten der stärksten Ionisationseffekte im Interface von Silizium-Substrat und Siliziumoxid [65], da der unvermeidliche Unterschied der chemischen Bindung beider Schichten bereits im unbestrahlten Zustand zu einer großen Anzahl offener negativer Bindungen über mehrere Atomlagen führt. Die einfallenden Röntgenphotonen verursachen zudem ein vermehrtes Aufbrechen der Bindungen, so dass weitere negativ geladene Trapzentren ausgebildet werden. Neben der großen Trapdichte im Interface verursacht der durch Grenzflächen behinderte Transport von Elektronen und Löchern zusätzlich eine erhöhte Wahrscheinlichkeit des Trappens der Löcher.

Bei der Röntgenbestrahlung von NMOS-Transistoren (n-Kanal-MOSFETs) und PMOS-Transistoren (p-Kanal-MOSFETs) wird zwischen zwei Effekten unterschieden [66]. Ionisationseffekte treten sowohl im Gateoxid als auch im Interface zwischen Gateoxid und Silizium-Substrat auf und haben je nach Entstehungsort unterschiedliche Auswirkungen auf die Eigenschaften des Transistors. So verursachen Oxidladungen eine simple Verschiebung der Transferkennlinie, während Interfaceladungen eine Verschiebung und Verzerrung der Transferkennlinie bedingen [63]. Die Größe der durch die Ionisationseffekte entstehenden Ladung hängt dabei von der absorbierten Strahlendosis, der Rekombinationsrate und der Trapdichte ab. Dabei ist die Rekombinationsrate ohne Betriebsspannung am größten und die Schädigung entsprechend am geringsten.

Während die Ladungen im Gateoxid stets eine positive Aufladung bei NMOS- und PMOS-Transistoren verursachen, hängt die Aufladung des Interfaces von der Dotierung des Grundmaterials des Transistors ab. So lädt sich das Interface bei NMOS-Transistoren negativ und bei PMOS-Transistoren positiv auf. Dies kann mit dem in Bild 10 gezeigten Bänderdiagramm erklärt werden [60]. Demnach sind die Interfacetraps in der oberen Hälfte des Bänderdiagramms akzeptorartig, während sie in der unteren Hälfte donatorartig sind. Entsprechend beträgt die effektive Interfaceladung bei einer FERMI-Energie E_F in der Mitte der Bandlücke praktisch Null. Bei einem NMOS-Transistor befindet sich die FERMI-Energie über der Mitte der Bandlücke, so dass sowohl die donatorartigen Traps als auch die akzeptorartigen Traps mit Elektronen besetzt sind. Daraus ergibt sich eine neutrale Ladung der donatorartigen Traps und eine negative Ladung der akzeptorartigen Traps, woraus eine negative effektive Ladung resultiert. Bei einem PMOS-Transistor befindet sich die FERMI-Energie dagegen unterhalb der Mitte der Bandlücke, so dass die donator- und akzeptorartigen Traps nicht besetzt sind. Hieraus resultiert eine positive effektive Ladung, da die unbesetzten donatorartigen Traps positiv und die unbesetzten akzeptorartigen Traps neutral geladen sind.

Bild 11 zeigt die Ladungsverteilungen in NMOS- und PMOS-Transistoren unter dem

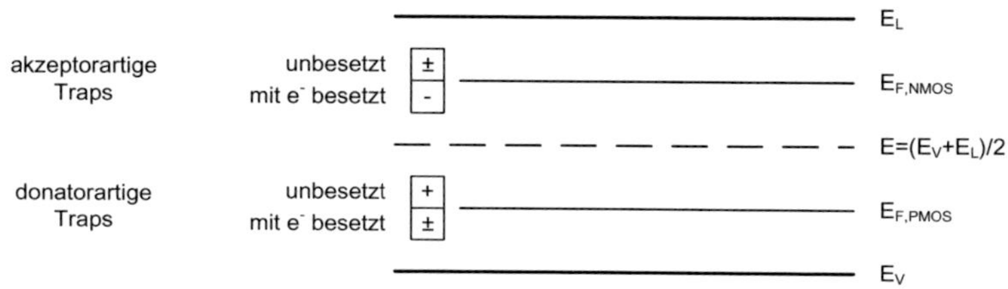

Bild 10: Bänderdiagramm mit Interfacetraps für NMOS- und PMOS-Transistoren [60] (E_V ... Energie des Valenzbands, E_L ... Energie des Leitungsbands, E_F ... FERMI-Energie)

Einfluss von Röntgenbestrahlung. Im unbestrahlten Zustand wirkt das Gateoxid für beide Transistoren als Plattenkondensator. Bei NMOS-Transistoren sammeln sich für $U_{GS} > U_{th}$ Löcher in der Gateelektrode sowie Elektronen als Inversionsladung im p-dotierten Silizium-Substrat an, wobei sich diese Elektronen für $U_{DS} > 0$ von der Source- zur Drainelektrode bewegen (U_{GS} ... Gate-Source-Spannung, U_{DS} ... Drain-Source-Spannung, U_{th} ... Schwellenspannung). Die durch das Anlegen der Betriebsspannung entstehenden Elektronen und Löcher sind in Bild 11 mit durchgezogenen Umrandungen dargestellt. Die Röntgenbestrahlung von NMOS-Transistoren führt wie beschrieben zu Ionisationseffekten im Gateoxid wie auch im Interface zwischen Gateoxid und Silizium-Substrat. So kommt es bei NMOS-Transistoren zu einer positiven Aufladung des Gateoxids (gestrichelte Umrandung in Bild 11) und zu einer negativen Aufladung des Interfaces zwischen Gateoxid und Silizium-Substrat (gepunktete Umrandung in Bild 11). Die Löcher im Bulk des Gateoxids haben die gleiche Wirkung wie die Löcher in der Gateelektrode und unterstützen somit die Ausbildung des leitfähigen Kanals, was eine Verringerung der Schwellenspannung des NMOS-Transistors bewirkt. Die negative Ladung im Interface zwischen Gateoxid und Silizium-Substrat unterdrückt dagegen die Ausbildung des leitfähigen Kanals im Silizium-Substrat [63], wodurch eine Vergrößerung der Schwellenspannung des NMOS-Transistors bedingt wird. Demnach wirken bei NMOS-Transistoren zwei Effekte, die gegensinnigen Einfluss auf die Schwellenspannung aufweisen.

Bei PMOS-Transistoren sammeln sich für $U_{GS} < -U_{th}$ Elektronen in der Gateelektrode sowie Löcher als Inversionsladung im n-dotierten Silizium-Substrat an. Die Löcher im leitfähigen Kanal driften für $U_{DS} < 0$ von der Source- zur Drainelektrode. Eine Röntgenbestrahlung von PMOS-Transistoren führt zur Ausbildung von positiven Ladungen im Gateoxid sowie im Interface zwischen Gateoxid und Silizium-Substrat. Die Löcher im Gateoxid wirken den Elektronen im Gate entgegen und bedingen somit eine Vergrößerung des Betrags der Schwellenspannung. Den gleichen Effekt auf die Schwellenspannung haben die Löcher im Interface zwischen Gateoxid und Silizium-Substrat, da auch diese die

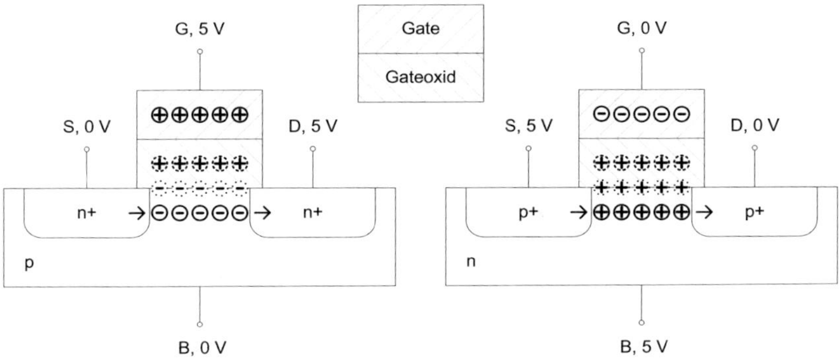

Bild 11: Ladungsverteilung in NMOS- und PMOS-Transistoren unter dem Einfluss von Röntgenbestrahlung (G ... Gate, D ... Drain, S ... Source, B ... Bulk); NMOS-Transistor: Elektronen als Inversionsladung im p-dotierten Silizium-Substrat sowie im Interface zwischen Gateoxid und p-dotiertem Silizium-Substrat, Löcher im Gate sowie im Gateoxid; PMOS-Transistor: Elektronen im Gate, Löcher als Inversionsladung im n-dotierten Silizium-Substrat, im Gateoxid sowie im Interface zwischen Gateoxid und n-dotiertem Silizium-Substrat

Ausbildung des leitfähigen Kanals im Silizium-Substrat unterdrücken [63].

Eine Zusammenfassung der Auswirkung von Oxid- und Interfaceladungen in NMOS- und PMOS-Transistoren in Abhängigkeit der Strahlendosis der applizierten Röntgenstrahlung zeigt Bild 12 [63]. Bei PMOS-Transistoren steigt der Betrag der Schwellenspannungsverschiebung mit zunehmender Strahlendosis kontinuierlich an, da die positiven Oxid- und Interfaceladungen die gleiche Wirkung auf die Schwellenspannung aufweisen. Dagegen fällt die Schwellenspannung bei NMOS-Transistoren mit zunehmender Strahlendosis zunächst ab, bevor sie wieder ansteigt. Dieses Verhalten resultiert aus zeitlichen Unterschieden bei der Ausbildung von Oxid- und Interfaceladungen. Aufgrund des höheren Absorptionsvolumens des Gateoxids im Vergleich zum Absorptionsvolumen des Interfaces zwischen Gateoxid und Silizium-Substrat setzt die Ionisation im Gateoxid schneller ein. Zusätzlich bedingt möglicherweise eine höhere Aktivierungsenergie der Interfaceladungen deren verzögerte Ausbildung. Markant ist der größere Einfluss der Interfacetraps im Vergleich zu den Oxidtraps, da zum einen die Trapdichte im Interface deutlich größer und zum anderen der Abstand zum leitfähigen Kanal geringer ist. Dadurch wird auch ein Anwachsen der Schwellenspannung über deren Startwert hinaus ermöglicht.

Die Auswirkung der positiven Ladungen im Gateoxid sowie der negativen Ladungen im Interface zwischen Gateoxid und Silizium-Substrat fasst Formel 15 für NMOS-Transistoren zusammen. Dabei verhält sich die Schwellenspannungsverschiebung $\Delta U_{th,NMOS}$ proportional zur Differenz aus Interfaceladungen Q_{it} und Oxidladungen Q_{ot} sowie zur Schichtdi-

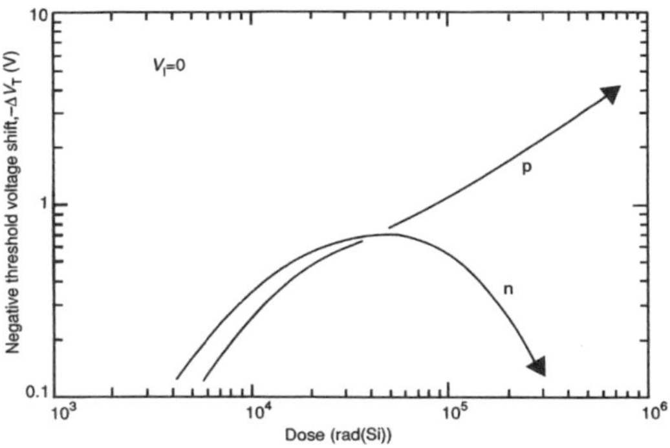

Bild 12: Schwellenspannungsverschiebung für NMOS- und PMOS-Transistoren in Abhängigkeit der aufgenommenen Strahlendosis [63]

cke des Oxids d_{ox} [58, 60, 62] (C ... elektrische Kapazität, ε_0 ... elektrische Feldkonstante, ε_r ... relative Permittivität, w ... Kanalweite, l ... Kanallänge). Weiterhin wird aus Formel 15 ersichtlich, dass die Schwellenspannungsverschiebung von der Geometrie des Transistors abhängt und für Transistoren mit großer Kanallänge l und -weite w geringer ausfällt.

Bei PMOS-Transistoren vergrößert sich der Betrag der Schwellenspannung kontinuierlich mit zunehmender Strahlendosis. Da die positiven Ladungen im Gateoxid und im Interface zwischen Gateoxid und Silizium-Substrat den Betrag der Schwellenspannung erhöhen, sind beide Effekte in Bild 12 kaum unterscheidbar. Die sich ergebende Schwellenspannungsverschiebung von PMOS-Transistoren zeigt Formel 16. Auch für PMOS-Transistoren gilt, dass die Schwellenspannungsverschiebung für große Kanallängen und -weiten geringer ausfällt.

$$\Delta U_{th,NMOS} = -\frac{\Delta Q}{C} = \frac{\Delta Q_{it} - \Delta Q_{ot}}{C} = \frac{(\Delta Q_{it} - \Delta Q_{ot})d_{ox}}{\epsilon_0 \epsilon_r wl} \tag{15}$$

$$\Delta U_{th,PMOS} = -\frac{\Delta Q}{C} = -\frac{\Delta Q_{it} + \Delta Q_{ot}}{C} = -\frac{(\Delta Q_{it} + \Delta Q_{ot})d_{ox}}{\epsilon_0 \epsilon_r wl} \tag{16}$$

Bei NMOS-Transistoren ist ein gegenseitiges Aufheben der Wirkungen von Ladungen im Gateoxid und Ladungen im Interface zwischen Gateoxid und Silizium-Substrat möglich. Für diesen Fall ist keine Schwellenspannungsverschiebung zu verzeichnen, obwohl die absoluten Werte der vorhandenen Ladungen sehr hoch sind. Dieser Zustand ist allerdings unpraktikabel, da die Schwellenspannungsverschiebung von der Strahlendosis und der Temperatur abhängt und somit nur für bestimmte Parameter keine Schwellenspannungsverschiebung zu beobachten wäre. Außerdem würden neben der möglicherweise unterdrückten Schwellenspannungsverschiebung andere Schädigungen in MOS-Strukturen auftreten.

Schwellenspannungsverschiebungen bei Transistoren führen zu einer Reihe unerwünschter Effekte, vor allem zu Veränderungen des Störabstands der Transistoren [58, 63]. Außerdem nehmen die Schaltzeiten der Transistoren durch erhöhte Kanalwiderstände und somit verlängerte Zeiten zum Laden/Entladen von Kapazitäten zu. Weiterhin kann die Leistungsaufnahme durch mögliche Erhöhungen des Drainstroms sowie der parasitären Ströme ansteigen. Bei sehr starken Schädigungen kann sogar der Verlust der Schaltfähigkeit von Transistoren auftreten, indem NMOS-Transistoren selbstleitend werden und PMOS-Transistoren nicht mehr durchgeschaltet werden können.

Ferner treten unabhängig von Schwellenspannungsverschiebungen strahlungsinduzierte Veränderungen in MOS-Transistoren auf, die signifikanten Einfluss auf das Verhalten der Transistoren haben [60, 62]. Dies sind neben der Verringerung der Ladungsträgerbeweglichkeit die Entstehung von Leckströmen, der geringer werdende Abfall des Drainstroms bei Unterschreitung der Schwellenspannung (Subthreshold Slope) sowie die variable Durchschlagfestigkeit von Gateoxiden. Die Ladungsträgerbeweglichkeit μ verringert sich entsprechend Formel 17 ausgehend von der Ladungsträgerbeweglichkeit vor der Bestrahlung μ_0 in Abhängigkeit der Anzahl von Interfacetraps N_{it} und Oxidtraps N_{ot} unter Beachtung der Wichtungsparameter a_{it} und a_{ot} [60, 67]. Dabei haben Oxidtraps einen geringeren, aber dennoch messbaren Einfluss auf die Ladungsträgerbeweglichkeit [68]. Die strahlungsbedingte verringerte Ladungsträgerbeweglichkeit wirkt sich gemäß Formel 17 besonders stark bei einsetzender Röntgenbestrahlung aus. Außerdem verursacht sie entsprechend Formel 18 eine Verringerung der elektrischen Stromdichte J im leitfähigen Kanal des Transistors und beeinflusst somit direkt den Signalpegel in elektronischen Schaltungen (I ... elektrische Stromstärke, A ... stromdurchflossene Fläche, e ... Elementarladung, n ... Ladungsträgerdichte, E ... elektrische Feldstärke).

$$\mu = \frac{\mu_0}{1 + \alpha_{it} N_{it} + \alpha_{ot} N_{ot}} \tag{17}$$

$$J = I/A = en\mu E \tag{18}$$

Bild 13 zeigt die prinzipielle Entstehung von Leckströmen in einem NMOS-Transistor. Die einfallende Röntgenstrahlung lädt das Feldoxid positiv auf, wodurch sich Inversionsgebiete im angrenzenden p-dotierten Silizium-Substrat ausbilden, die als leitfähige Pfade zwischen Source- und Draingebiet fungieren. Wegen der auftretenden Polaritäten besteht dieser Effekt allerdings nur für NMOS-Transistoren. Die zusätzliche strahlungsinduzierte Veränderung der variablen Durchschlagfestigkeit von Gateoxiden äußert sich bei NMOS- und PMOS-Transistoren unterschiedlich. Bei NMOS-Transistoren verringert sich die Durchschlagfestigkeit eines NMOS-Transistors, da die positiven Ladungen im Gateoxid die positiven Ladungen in der Gateelektrode effektiv verstärken (siehe Bild 11). Somit führen geringere Gate-Source-Spannungen zum Durchbruch des Gateoxids. Bei PMOS-Transistoren entsteht dagegen eine größere Durchschlagfestigkeit, da die positiven Ladungen im Gateoxid den negativen Ladungen in der Gateelektrode entgegenwirken.

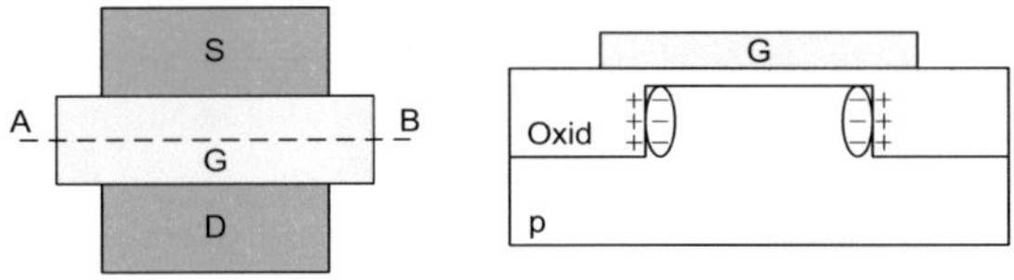

Bild 13: Leckströme im NMOS-Transistor [60], Draufsicht (links), Querschnitt entlang A - B (rechts)

Aus der Literatur ist bekannt, dass gestreckte NMOS-Transistoren (entspricht Standardlayout, siehe Bild 11) strahlenempfindlich sind, während gestreckte PMOS-Transistoren als weitgehend resistent gegenüber Röntgenstrahlung gelten. Dies wird durch folgende Aspekte verursacht [58, 59]. Zum einen bildet sich die Raumladung im Gateoxid für positive Gatespannungen bei NMOS-Transistoren in der Nähe des Silizium-Substrats und nicht wie bei negativen Gatespannungen bei PMOS-Transistoren in der Nähe der Gateelektrode aus. Durch den geringeren Abstand der Raumladung zum leitfähigen Kanal im Fall des NMOS-Transistors ergeben sich für diesen größere Schwellenspannungsverschiebungen. Zum anderen treten die in Bild 13 gezeigten Leckströme ausschließlich bei NMOS-Transistoren auf.

4.2 Evaluierung der Degradation der Auswerteelektronik

Für die Evaluierung der Degradation der Auswerteelektronik bieten sich elektrische Charakterisierungen in Form von Strom-Spannungs-Kennlinien an. Die Untersuchungen beschränken sich auf MOS-Transistoren, die den Hauptbestandteil der Auswerteelektronik bilden. Transistoren lassen sich durch Messung von Ausgangskennlinien (Drainstrom in Abhängigkeit der Drain-Source-Spannung) und Transferkennlinien (Drainstrom in Abhängigkeit der Gate-Source-Spannung) charakterisieren. So können strahleninduzierte Veränderungen der Schwellenspannung und des Drainstroms im Arbeitspunkt gemessen werden.

4.3 Degradation der Epoxidklebstoffe

Neben Feuchte, korrosiven Gasen, thermomechanischen und mechanischen Einflüssen kann Licht im Allgemeinen zur Zerstörung der aus Polymerketten bestehenden Epoxidklebstoffe führen. Mit Hinblick auf die Anwendung des Detektors wird der Fokus auf möglichen Veränderungen der Klebstoffe infolge Röntgenbestrahlung liegen. Degradationen in Klebstoffen können während der Bestrahlung, aber auch erst lange nach der Bestrahlung entstehen [69, 70]. Mögliche Schädigungsmechanismen in Epoxidklebstoffen durch ionisierende Strahlung lassen sich in direkte und indirekte Prozesse unterteilen [71, 72]. Einerseits können einfallende Röntgenphotonen Veränderungen im Polymer bewirken (direkter Prozess). Andererseits können durch die Bestrahlung entstehende freie Radikale Reaktionen im Klebstoff verursachen (indirekter Prozess). Auftretende Schädigungen sind ein teilweiser oder vollständiger Übergang von kristallinen zu amorphen Strukturen, Massenverluste oder chemische Veränderungen [73], wie Oxidation von oberflächennahen Bereichen, Ausbildung von Kettenquerverbindungen sowie Aufspaltung der Polymerketten hauptsächlich in amorphen Regionen und an der Oberfläche [74]. Massenverluste, welche proportional zur Intensität der Röntgenstrahlung sind [75], treten auf, wenn die Photonenenergie die Bindungsenergie im Epoxidklebstoff übersteigt. So hängt der Umfang der Zerstörung des Klebstoffs direkt proportional mit der applizierten Strahlendosis zusammen [75]. Um Strahlenschäden im Epoxidklebstoff zu reduzieren, werden üblicherweise Beimischungen, sogenannte Inhibitoren, zugegeben.

Generell wurden Strahlenschäden in Epoxidklebstoffen bereits mit Röntgenreflektometrie (XRR) [76, 77], Röntgendiffraktion (XRD) [74], Elektronenspinresonanz (ESR) [74], Röntgen-Nahkanten-Absorptions-Spektroskopie (NEXAFS) [73], Optischer Absorptionsspektroskopie (OAS) [78], Fourier-Transformations-Infrarotspektroskopie (FTIR-Spektroskopie) [78–80], Micro-Raman-Spektroskopie [78] und Röntgenphotoelektronenspektroskopie (XPS) [77] untersucht. Die für den entwickelten Röntgenzeilendetektor verwendeten Klebstoffe wurden mit Schertests sowie anschließender Rasterelektronenmikroskopie (REM), energiedispersiver Röntgenspektroskopie (EDX) und FTIR-Spektroskopie charakterisiert. Außerdem wurden Leitfähigkeitsmessungen am elektrisch leitfähigen Klebstoff durchgeführt.

4.4 Evaluierung der Degradation der Epoxidklebstoffe

Schertest

Der Schertest dient der Bewertung von Löt- und Klebeverbindungen anhand der maximalen Scherspannung [81] und wird normgerecht nach MIL-STD-883G, METHOD 2019.7 (*Die shear strength*) durchgeführt [82]. Bei einem Schertest von SMD-Bauelementen (Oberflächenmontagetechnik, *engl.: Surface-mounted device*) erfolgt die Ausrichtung eines Meißels parallel zur Chipkante entsprechend Bild 14. Nach dem Aufsetzen des Meißels auf dem Substrat fährt der Meißel auf die Scherhöhe, welche der halben Chiphöhe entspricht. Im Anschluss drückt der Meißel seitlich gegen das Bauelement, so dass die Löt- oder Klebeverbindung quer zur Bauelementachse auf Scherung belastet wird. Zur Auswertung des Schertests dient die aufgebrachte Kraft im Moment der Scherung. Die maximale Scherspannung τ vor Abscherung des Chips berechnet sich gemäß Formel 19 als Quotient der aufgebrachten Kraft des Meißels F und der Chipfläche A. Bindefehler wie schlecht haftende Beschichtungen, ein hoher Porenanteil, aber auch Ermüdungsrisse reduzieren die maximale Scherspannung und somit die Festigkeit von Löt- und Klebeverbindungen.

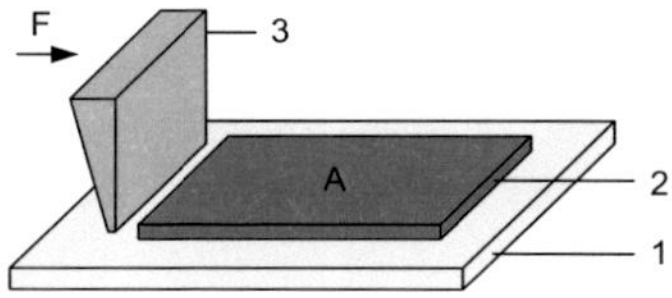

Bild 14: Prinzip des Schertests (1 ... Substrat, 2 ... Chip, 3 ... Meißel, F ... aufgebrachte Kraft des Meißels, A ... Chipfläche)

$$\tau = \frac{F}{A} \tag{19}$$

Die zu untersuchenden Klebstoffe müssen eine ausreichende Anziehungskraft zu den verbundenen Fügepartnern (Adhäsion) sowie eine ausreichende Bindungskraft im Inneren des Klebstoffs (Kohäsion) aufweisen [83]. Bei geklebten Aufbauten können typischerweise die folgenden Bruchpfade entstehen [83, 84].

- Ausbruch des Chips (Adhäsion und Kohäsion sind größer als Chipfestigkeit)
- Riss zwischen Chip und Klebstoff (Adhäsionsbruch, Adhäsion ist kleiner als Kohäsion)
- Riss im Klebstoff (Kohäsionsbruch, Kohäsion ist kleiner als Adhäsion)
- Riss zwischen Klebstoff und Trägerplatine (Adhäsionsbruch, Adhäsion ist kleiner als Kohäsion)
- Ausbruch der Trägerplatine (Adhäsion und Kohäsion sind größer als Substratfestigkeit)

Rasterelektronenmikroskopie und energiedispersive Röntgenspektroskopie

Rasterelektronenmikroskopie dient der Veranschaulichung von Topografie- und Materialkontrasten durch Abrastern der Probenoberfläche mit einem fein fokussierten Elektronenstrahl [85, 86]. In einem Rasterelektronenmikroskop werden Elektronen durch thermische Emission generiert und durch das Beschleunigungsfeld zwischen Kathode und Anode beschleunigt. Der dadurch erzeugte Primärelektronenstrahl wird nach Ablenkung durch elektromagnetische Linsen auf der Probe fokussiert. Dort sorgt der Primärelektronenstrahl für diverse Wechselwirkungsprozesse, wodurch im Wesentlichen Sekundär- und Rückstreuelektronen sowie Röntgenstrahlung entstehen. Deren Intensitäten und Verteilungen liefern Aussagen über die Beschaffenheit der untersuchten Probe.

Energiedispersive Röntgenspektroskopie dient der qualitativen und quantitativen Bestimmung der Materialzusammensetzung [87, 88]. Durch den Beschuss von Materie mit einem Elektronenstrahl entsteht nach dem im Abschnitt 2.1.2 dargestellten Prinzip charakteristische Röntgenstrahlung, die Rückschlüsse auf die Materialzusammensetzung zulässt. Dabei beschreibt die Lage der charakteristischen Linie im Spektrum das vorhandene Element, während die Peakhöhe Informationen bezüglich der Elementkonzentration in der Probe liefert. Für den Nachweis eines Elements muss die kinetische Energie der einfallenden Elektronen größer sein als die Summe aus spezifischer Bindungsenergie und charakteristischer Photonenenergie. Voraussetzung für EDX-Analysen sind ebene, homogene Proben. Markant sind für das Verfahren ein Messfleckdurchmesser von 3 µm sowie eine Eindringtiefe von 2 ... 3 µm.

Fourier-Transformations-Infrarotspektroskopie

Fourier-Transformations-Infrarotspektroskopie eignet sich zur Bestimmung der quantitativen Zusammensetzung von Proben [89–92]. Bei dieser zerstörungsfreien Methode regt die Absorption einfallender Infrarot-Strahlung (IR-Strahlung) eine Veränderung der Bindungswinkel und der Bindungslängen zwischen Atomen an. Da ein Teil der durch die IR-Strahlung zugeführten Energie in kinetische Energie umgesetzt wird, entstehen charakteristische Schwingungen der Atome um deren Gleichgewichtslage. FTIR-Spektroskopie zeichnet sich durch eine hohe Messempfindlichkeit, kurze Messzeiten, reproduzierbare Messergebnisse sowie ein gutes SNR aus.

Den Kern des FTIR-Spektrometers bildet das in Bild 15 dargestellte Michelson-Interferometer. Ein von einer IR-Quelle emittierter Parallelstrahl trifft auf einen Strahlteiler in Form eines halbdurchlässigen Spiegels. Dieser reflektiert eine Hälfte der einfallenden Strahlung in Richtung des festen Spiegels. Die andere Hälfte der Strahlung transmittiert durch den Strahlteiler in Richtung des beweglichen Spiegels. Im Anschluss werden die Strahlen am festen respektive beweglichen Spiegel reflektiert. Abhängig von der Position des beweglichen Spiegels tritt nach dem Zusammenführen der beiden Strahlen durch den Strahlteiler konstruktive oder destruktive Interferenz auf. Nachdem diese beiden Strahlen die Probe durchdrungen haben, kann in einem Interferogramm die Intensität als Funktion der Position des beweglichen Spiegels ausgewertet werden. Die Ortskoordinate des beweglichen Spiegels ist die messbare Fourier-Transformierte des IR-Spektrums. Eine Rücktransformation des Interferogramms liefert somit das IR-Spektrum [93].

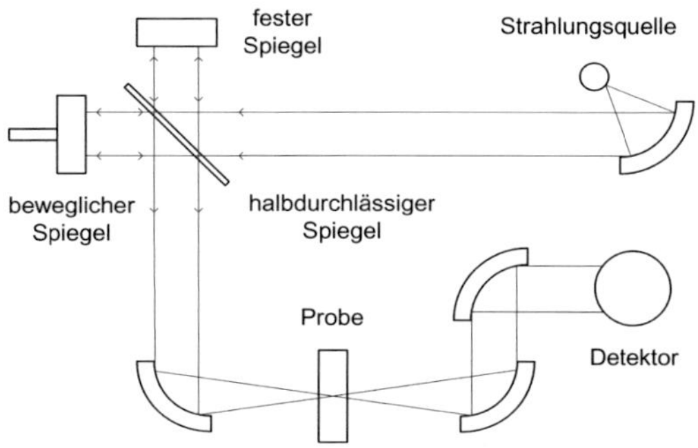

Bild 15: Prinzipieller Aufbau eines FTIR-Spektrometers (Michelson-Interferometer)

Um eine FTIR-Analyse einer einzelnen Schicht durchführen zu können, bedarf es einer Hintergrundmessung. Bei dieser wird eine Referenzprobe untersucht, die den Aufbau der zu untersuchenden Probe abzüglich der relevanten Schicht aufweist. Somit können Einflüsse des Emissionsspektrums der IR-Quelle, der Empfindlichkeit des Detektors sowie der Atmosphäre kompensiert werden.

Im Allgemeinen wirken beim Durchgang von Strahlung durch Materie verschiedene abschwächende Vorgänge. Dazu zählen Absorption, Streuung, Beugung und Reflexion. Das Maß für die Abschwächung stellt die Extinktion (auch optische Dichte) dar. Die Extinktion E einer Schicht mit der Dicke d entspricht gemäß Formel 20 dem negativen dekadischen Logarithmus der Transmission T (Φ_0 ... Strahlungsfluss vor Probendurchgang, Φ ... Strahlungsfluss nach Probendurchgang, µ ... Absorptionskoeffizient) [90, 91]. In guter Näherung können Streuung, Beugung und Reflexion vernachlässigt werden, so dass die Absorbanz der Extinktion entspricht.

$$E = \text{-}\lg\left(\frac{\Phi}{\Phi_0}\right) = \text{-}\lg(T) = \mu d \tag{20}$$

Typischerweise wird die Absorbanz in Abhängigkeit der Wellenzahl angegeben. Die Wellenzahl $\tilde{\nu}$ kann gemäß Formel 21 berechnet werden [90] (λ ... Wellenlänge).

$$\tilde{\nu} = \frac{10000}{\lambda\ [\mu\text{m}]} \tag{21}$$

5 Aufbau und Funktion des Zeilendetektors

5.1 Eigenschaften des Zeilendetektors

Im Rahmen mehrerer Forschungsprojekte wurde ein Röntgendetektor entwickelt, der folgende Eigenschaften besitzt.

- direkte Konvertierung der einfallenden Röntgenphotonen im GaAs-Absorber gemäß Bild 16, 32 Pixel pro GaAs-Absorber (3,2 x 1 x 0,45 mm^3)
- zeilenförmiger Detektor mit modularem Aufbau
- 100 µm Auflösung durch strukturierte Elektrode, 1024 Pixel pro Detektormodul
- lückenlose Reihbarkeit mehrerer Detektormodule mit je 1024 Pixeln
- Zählung einzelner Photonen mit maximal $2 \cdot 10^6$ Zählwerten pro Kanal und Sekunde, 32 Kanäle pro Auswertechip *(Fraunhofer-Institut für Photonische Mikrosysteme, Dresden, Deutschland)*
- Kompensation von Dunkelströmen
- Energiediskriminierung durch zwei individuell einstellbare Schwellen mit jeweils 20 Bit tiefen Zählregistern
- totzeitfreies Zählen
- strahlenresistentes Design der Auswerteschaltkreise auf Chiplevel

Der Röntgendetektor bietet sich für die Durchführung von Laminographien von großen Objekten wie Rotorblättern von Windenergieanlagen und Flugzeugtragflächen oder für Dickenmessungen von Folien und Blechen in Warm- und Kaltwalzstraßen an. Außerdem kann der Röntgendetektor durch die Möglichkeit der Energiediskriminierung für die Elementcharakterisierung bei Sortieraufgaben genutzt werden.

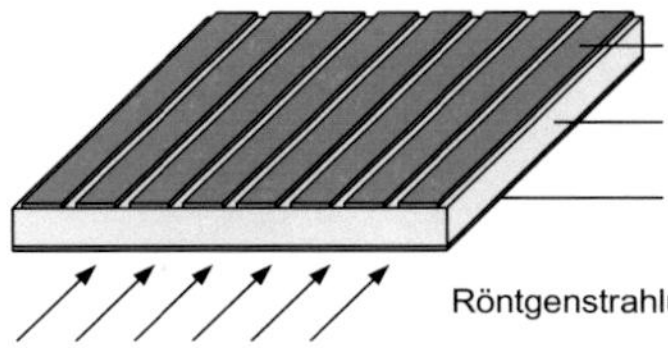

Bild 16: GaAs-Absorber mit strukturierten SCHOTTKY-Kontakten und ganzflächigem ohmschen Kontakt

5.2 Wirkprinzip des Zeilendetektors

Der entwickelte Röntgendetektor basiert auf dem im Abschnitt 3.2.1 beschriebenen Prinzip der direkten Konversion von Röntgenphotonen. Für die Anwendung der Photonenzählung müssen zwei Bedingungen erfüllt sein. Einerseits muss der mittlere zeitliche Abstand zwischen dem Einfall zweier Photonen deutlich größer als die maximale Dauer des Drifts der generierten Ladungsträger vom Entstehungsort bis zur Elektrode sein. Andererseits bedarf es ausreichend hoher Zählraten der Auswerteelektronik.

Die Strahlungsleistung einer Röntgenröhre ist gemäß Formel 2 für Beschleunigungsspannungen kleiner als 1 MV proportional zur Ordnungszahl des Anodenmaterials, zum Röhrenstrom und zum Quadrat der Beschleunigungsspannung. Laborquellen emittieren bei einem Röhrenstrom von 40 µA etwa $2{,}5 \cdot 10^{13}$ Photonen pro Sekunde. Unter der Annahme einer isotropen Abstrahlung der Photonen ergibt sich eine Kugel mit der Röntgenquelle im Mittelpunkt und einem Radius r, deren Oberfläche eine konstante Photonendichte aufweist. Die Anzahl der Photonen, die die Stirnseite des Absorbers treffen, bestimmt sich in sehr guter Näherung aus dem Flächenverhältnis der Stirnseite des Absorbers und der Kugeloberfläche. Bei einer Strahleintrittsfläche $A_{Pixel} = 0{,}1 \times 0{,}45\,mm^2$ und einem Abstand $r = 30\,cm$ zwischen Röntgenquelle und Absorber ergibt sich ein Flächenverhältnis von $A_{Pixel}/A_{Kugel} = 4 \cdot 10^{-8}$. Somit erreicht im Mittel aller 1 µs ein Photon das Pixel.

Prinzipiell können sowohl Elektronen als auch Löcher ausgewertet werden. Bei GaAs bietet sich die Auswertung der Elektronen an, da deren Beweglichkeit μ_e deutlich größer als die der Löcher μ_h ist ($\mu_{e,GaAs} = 8000\,cm^2/Vs$, $\mu_{h,GaAs} = 400\,cm^2/Vs$ [18, 94]). Die Auswertung der entstehenden Elektronen erfordert das Anlegen einer positiven Spannung zum Trennen der Ladungsträger, wobei die Auswertbarkeit der generierten Elektronen in einem idealen GaAs-Kristall durch ihre Driftdauer vom Entstehungsort bis zur Anode bestimmt wird. Die Driftdauer eines Elektrons $\tau_{D,e}$ hängt gemäß Formel 22 vom Abstand x zwischen Entstehungsort und Anode sowie von der elektrischen Feldstärke E (elektrische Spannung U angelegt über Elektrodenabstand d) ab. Dabei nimmt die Driftdauer bei der Ladungsträgergeneration im Bereich der Kathode einen maximalen Wert an. Ausgehend von Formel 22 ergibt sich für x = d die maximale Driftdauer eines Elektrons $\tau_{D,e,max}$ gemäß Formel 23. Für den entwickelten GaAs-Absorber beträgt die maximale Driftdauer 1,27 ns bei einer Dicke respektive einem Elektrodenabstand von 450 µm und einer angelegten Spannung von 200 V. Die maximale Driftdauer der Elektronen von 1,27 ns liegt somit drei Größenordnungen unterhalb des mittleren zeitlichen Abstands der einfallenden Photonen, was eine Voraussetzung für die Auswertung aller Photonen ist.

$$\tau_{D,e} = \frac{x}{\mu_e E} = \frac{xd}{\mu_e U} \tag{22}$$

$$\tau_{D,e,max} = \frac{d}{\mu_e E} = \frac{d^2}{\mu_e U} \tag{23}$$

Durch die maximale Zählrate der Auswerteelektronik von $2 \cdot 10^6$ Zählwerte/s steht eine Auswertezeit von 500 ns/Zählwert zur Verfügung. Diese Auswertezeit liegt somit unterhalb des mittleren zeitlichen Abstands der einfallenden Photonen von 1 µs. Damit kann sichergestellt werden, dass jedes Photon einzeln ausgewertet werden kann.

5.3 Aufbau des Zeilendetektors

Prinzipiell können Röntgendetektoren als Liniendetektoren [95–97] oder als Matrixdetektoren [98, 99] aufgebaut sein. Liniendetektoren bieten durch den Gewinn einer Dimension mehr Platz für Elektronik, ermöglichen einen einfacheren Aufbau und eine kostengünstigere Herstellung. Bei hinreichend schneller Abtastung des Prüfobjekts entstehen dennoch zweidimensionale Bilder.

Für den entwickelten Zeilendetektor wurde das in Bild 17 dargestellte Aufbaukonzept erstellt [100, 101]. Das Aufbaukonzept muss vor allem den Strahlenschutz der empfindlichen Elektronik, die lückenlose Reihbarkeit mehrerer Detektormodule sowie ein geeignetes thermisches Management berücksichtigen, um den gestellten Anforderungen zu genügen.

Röntgenstrahlen können elektronische Baugruppen in vielerlei Hinsicht schädigen. Wie in Kapitel 4 beschrieben, können sowohl Halbleiterstrukturen als auch die verwendeten Epoxidklebstoffe durch Röntgenstrahlen geschädigt werden. Diese möglichen Effekte müssen daher durch konstruktiven Strahlenschutz deutlich verringert werden, um eine Reduzierung der Lebensdauer des Detektors zu verhindern. Besonders die Auswerteelektronik, die auch bei Verwendung eines strahlenresistenten Designs geschädigt werden kann, aber auch andere empfindliche Elektronik, muss vor Röntgenstrahlung geschützt werden.

Der Strahlenschutz wird durch zwei Maßnahmen erreicht. Zunächst lässt die verwendete Blende, abgesehen von Streustrahlungseffekten an deren Rand, nur den Einfall der Röntgenphotonen auf den GaAs-Absorber zu. Weiterhin soll eine hochabsorbierende Ke-

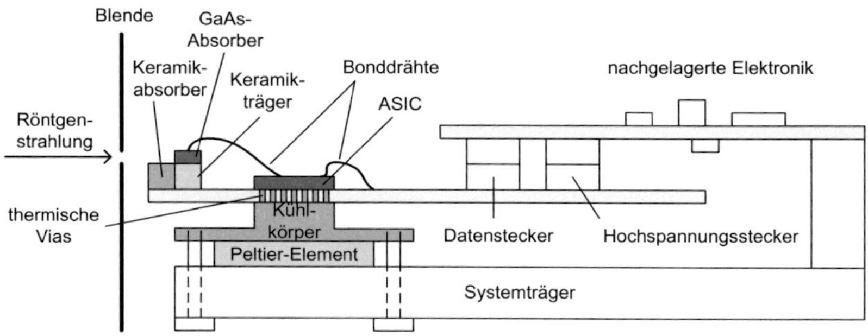

Bild 17: Aufbaukonzept des Röntgendetektors, Skizze nicht maßstäblich

ramik den GaAs-Absorber tragen, wodurch hinter der Keramik im Bereich der Auswerteelektronik ein Strahlenschatten entsteht. Neben dem sehr hohen Absorptionskoeffizienten muss der Keramikträger einen Ausdehnungskoeffizienten a aufweisen, der zwischen denen von GaAs und FR4 als Basismaterial der Platine liegt ($\alpha_{GaAs} = 5{,}7 \cdot 10^{-6}\,K^{-1}$ [102], $\alpha_{FR4,x,y} = 1{,}4 \ldots 1{,}8 \cdot 10^{-5}\,K^{-1}$, $\alpha_{FR4,z} = 6 \ldots 8 \cdot 10^{-5}\,K^{-1}$ [81]). Dabei soll der Ausdehnungskoeffizient des Keramikträgers näher am Ausdehnungskoeffizienten des sehr spröden GaAs liegen. Die Anpassung der Ausdehnungskoeffizienten dient der Reduzierung von mechanischen Verspannungen und Verbiegungen, die durch Hochtemperaturschritte bei der Fertigung des Detektormoduls entstehen können. Allerdings ist keine Keramik mit ausreichend hohem Absorptionsvermögen sowie geeignetem Ausdehnungskoeffizienten verfügbar, wodurch die Aufgaben durch zwei verschiedene Keramiken übernommen werden. Die erste Keramik in Strahlrichtung in Bild 17 ist eine YTZ-Keramik (Yttrium-stabilisiertes Zirkonoxid, 95% ZrO_2, 5% Y_2O_3) mit hoher Dichte ρ und relativ hoher Ordnungszahl Z ($\rho_{YTZ} = 6{,}0\,g/cm^3$, $Z_{YTZ} = 18{,}75$, $\alpha_{YTZ} = 9{,}6 \cdot 10^{-6}\,K^{-1}$ [103]). Die YTZ-Keramik absorbiert die einfallende Röntgenstrahlung signifikant (siehe Bild 18), so dass im Wesentlichen lediglich Streustrahlung die Auswerteelektronik erreicht. Die zweite Keramik in Strahlrichtung (Al_2O_3, $\alpha_{Al_2O_3} = 8 \cdot 10^{-6}\,K^{-1}$ [104]) trägt den GaAs-Absorber und besitzt eine geringere Differenz zum Ausdehnungskoeffizienten des GaAs-Absorbers, so dass mögliche mechanische Verspannungen im spröden GaAs reduziert werden.

Bild 19 zeigt ein Detektormodul mit 1024 Pixeln bei einer Pixelgröße von 100 µm. Die lückenlose Reihbarkeit mehrerer Detektormodule für die lückenlose Bildaufnahme stellt eine weitere Anforderung an das Aufbaukonzept dar. Für die Reihbarkeit muss der GaAs-Absorber zum einen bis an den Rand des Detektormoduls reichen. Zum anderen müssen sämtliche nachfolgende Komponenten wie die Auswerteelektronik, sonstige Elektronik und Stecker eine geringere Breite als 102,4 mm aufweisen. Außerdem muss die Montage der sehr kleinen GaAs-Absorber (3,2 x 1 x 0,45 mm^3 für einen Absorber mit 32 Pixeln) lückenlos erfolgen. Die optimale Montage wird durch ein speziell entworfenes Werkzeug für die Prototypenentwicklung des Zeilendetektors unterstützt.

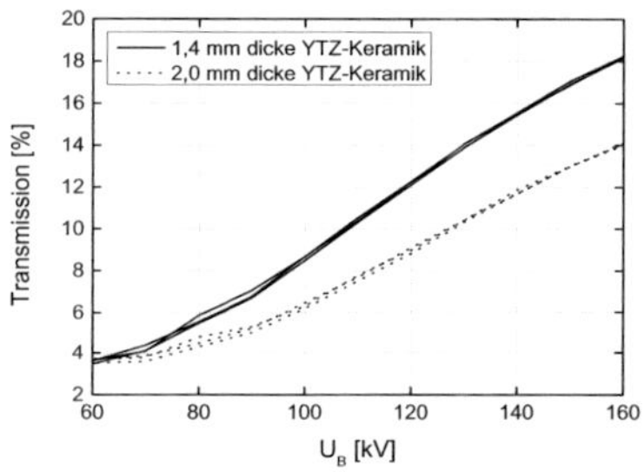

Bild 18: Transmission von Röntgenstrahlung in Abhängigkeit der Beschleunigungsspannung U_B durch unterschiedlich dicke YTZ-Keramiken (Yttrium-stabilisiertes Zirkonoxid, 3 Proben à 1,4 mm, 3 Proben à 2 mm)

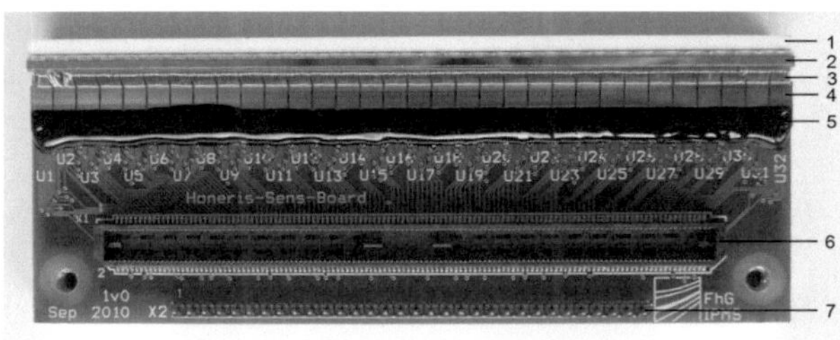

Bild 19: Detektormodul mit 1024 Pixeln (1 ... keramischer Absorber, 2 ... GaAs-Absorber, 3 ... Bonddrähte, 4 ... Auswerteschaltkreise, 5 ... in Globtop eingebettete Bonddrähte, 6 ... Stecker für Datentransfer, 7 ... Stecker für Hochspannungsversorgung), nachfolgende Elektronik auf der Unterseite der Platine

Eine weitere Anforderung an das Aufbaukonzept ist das Abführen der nicht vernachlässigbaren Verlustleistung der Auswerteelektronik. Diese Aufgabe übernimmt ein PELTIER-Element an der Unterseite der Detektorplatine, welches durch thermische Vias und einen aus Aluminium bestehenden Kühlkörper direkte Ankopplung an die zu kühlende Auswerteelektronik besitzt. Das PELTIER-Element ermöglicht durch Stromumkehr ebenfalls das Aufheizen der Detektorplatine, falls es der Anwendungsfall erfordert.

Eine wesentliche Aufgabe bei der Entwicklung des Röntgendetektors besteht in der Herstellung des GaAs-Absorbers [100, 101]. Das Grundmaterial des GaAs-Absorbers wurde mit dem VGF-Verfahren hergestellt *(Freiberger Compound Materials, Freiberg, Deutsch-*

land), um eine niedrige Störstellendichte sowie eine relativ homogene Verteilung der Störstellen zu erreichen. Für die Kontaktierung des GaAs-Absorbers erfolgte das Aufbringen von Metallkontakten *(Ferdinand-Braun-Institut, Leibniz-Institut für Höchstfrequenztechnik, Berlin, Deutschland)*. Der GaAs-Absorber weist bei einer Pixelgröße von 100 µm und einer Elektrodenbreite der strukturierten SCHOTTKY-Kontakte von 80 µm einen Flächenfüllfaktor von 80 % auf. Ein zu geringer Füllfaktor würde eine inhomogenere Feldlinienverteilung zwischen gegenüberliegenden Elektroden verursachen. Dagegen kann der Füllfaktor nicht beliebig erhöht werden, da die Masken zur Strukturierung nicht beliebig dünne Stege aufweisen können. Die Herstellung der Kontakte erfolgte mit Standardprozessen. Die SCHOTTKY-Kontakte wurden durch die Schichtfolge GaAs/Ti/V/Au hergestellt, wobei die Titan-Schicht als Potentialbarriere und die Vanadium-Schicht als Diffusionsbarriere dient. Bei dem ohmschen Kontakt erfolgte eine Abscheidung der Schichtfolge GaAs/88Au12Ge/Ni/Au. Dabei verursacht das eutektische Gemisch 88Au12Ge nach einem anschließenden Tempern bei 350 °C für 30 s die erforderliche Dotierung des GaAs in Kontaktnähe, um den ohmschen Charakter des Kontakts zu erreichen. Die abgeschiedene Nickel-Schicht verbessert die morphologischen Eigenschaften des Kontakts.

Der GaAs-Absorber ist als Diode implementiert, um diese in Sperrrichtung zu betreiben, wodurch ein niedriger Dunkelstrom und somit ein höheres SNR erreicht wird. Zum Erreichen der Diodenstruktur werden Goldkontakte auf gegenüberliegenden Seiten unterschiedlich realisiert. Bild 16 zeigt auf der oberen Seite strukturierte SCHOTTKY-Kontakte und auf der unteren Seite einen durchgehenden ohmschen Kontakt. Idealerweise weist der GaAs-Absorber sehr hohe Durchbruchspannungen zwischen gegenüberliegenden Elektroden auf, ermöglicht variables Bonden und lässt sich durch eine geringe Anzahl von Masken zur Strukturierung der Kontakte kostengünstig herstellen. Bild 20 zeigt drei entwickelte Designs der strukturierten SCHOTTKY-Kontakte des GaAs-Absorbers, wobei dessen Eigenschaften hinsichtlich der genannten Kriterien kontinuierlich verbessert wurden. Ausreichend hoher Schutz vor elektrischen Überschlägen zwischen gegenüberliegenden Elektroden wird durch das Aufbringen einer Oberflächenpassivierung (SiN_x ohne stöchiometrische Zusammensetzung) und durch das Einfügen eines Abstands zwischen Stirnseite des Absorbers und der Metallisierung der strukturierten Elektroden erreicht. Dieser Abstand ist in Bild 20 bei der zweiten und dritten Variante unter- und oberhalb der strukturierten Elektroden grau dargestellt. Diese Maßnahmen gewährleisten die gewünschten Eigenschaften des Absorbers, wie einen Dunkelstrom im Bereich von 10 nA und Durchbruchspannungen von mindestens 300 V. Der geringe Dunkelstrom erlaubt einen Betrieb des Detektormoduls bei Raumtemperatur, während die hohe Durchbruchspannung ein schnelles Trennen der Ladungsträger ermöglicht. Quadratische und kreisförmige Aussparungen in der Oberflächenpassivierung gestatten die Anwendung verschiedener Bondverfahren. Quadratische

Bondpads ($80 \times 80\,\mu m^2$) erweisen sich als ideal für das beim entwickelten Röntgendetektor genutzte Drahtbonden, während sich kreisförmige Bondpads ($\varnothing = 72\,\mu m$) sehr gut für das optionale Flip-Chip-Bonden eignen [105, 106].

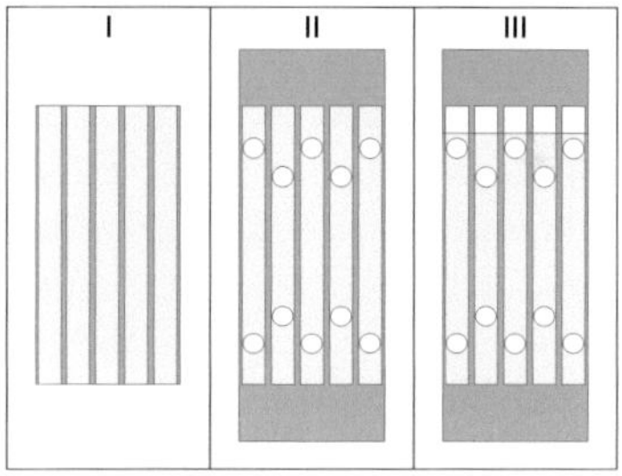

Bild 20: Drei verschiedene Designs der strukturierten SCHOTTKY-Kontakte des GaAs-Absorbers

5.4 Charakterisierung des GaAs-Absorbers

Zur Bestimmung der Eigenschaften des GaAs-Absorbers wurden dessen Strom-Spannungs-Kennlinie (I-U-Kennlinie) und spektrale Empfindlichkeit vermessen. Auf Messungen der Ladungsträgerbeweglichkeit wurde verzichtet, da HALL-Messungen in der Vergangenheit bereits die Herstellerangaben bestätigten. Außerdem wurde auf die Messung der Kapazitäts-Spannungs-Kennlinie (C-U-Kennlinie) verzichtet, weil die Prozessierung der Kontakte durch Standardprozesse realisiert wurde und eine Überprüfung des exakten Dotierstoffprofils sowie der Höhe der Potentialbarriere des SCHOTTKY-Kontakts nicht notwendig ist.

Ausstehende Messungen bezüglich Nachweiseffektivität, Nachweislinearität, Energieproportionalität und Energieauflösung werden eine Evaluierung des bildgebenden Röntgenzeilendetektors erlauben.

5.4.1 Strom-Spannungs-Kennlinie

Durch die Diodenstruktur des GaAs-Absorbers ergeben sich in Abhängigkeit der Polarität der angelegten Spannung ein Durchlass- und ein Sperrbereich. Von besonderem Interesse ist das Verhalten im Sperrbereich, da der GaAs-Absorber in diesem betrieben werden soll. Der Betrieb im Sperrbereich gewährleistet deutlich niedrigere Dunkelströme und somit ein geringeres Grundrauschen und höhere Empfindlichkeiten. Außerdem lassen sich im Sperrbereich wesentlich höhere Feldstärken erzeugen, wodurch ein schnelleres und effektiveres Trennen der Elektron-Loch-Paare realisiert werden kann. Die Vermessung der

I-U-Kennlinien erfolgte mit der Source-Measure Unit *Keithley 237 (Solon, Ohio, USA)* in Durchlassrichtung für 0 ... 50 [1] V und in Sperrrichtung für 0 ... -500 [1] V bei jeweils 10 µA Strombegrenzung [107]. Außerdem wurde die Umgebungstemperatur variiert (25 °C, 35 °C, 45 °C), um die Temperaturabhängigkeit des Dunkelstroms einschätzen zu können. Prinzipiell ist bekannt, dass höhere Temperaturen eine Zunahme des Dunkelstroms verursachen [108], was zu einer ebenso temperaturabhängigen Energieauflösung des Detektors führt [56]. Somit kann es unter Umständen erforderlich sein, den GaAs-Absorber zu kühlen.

Bild 21 stellt die I-U-Kennlinien für jeweils drei verschiedene GaAs-Absorber bei Temperaturen von 25 °C, 35 °C und 45 °C dar. Für alle Temperaturen ist der Dunkelstrom im Sperrbereich deutlich niedriger als im Durchlassbereich der Diodenstruktur. Markant ist der nahezu konstante Dunkelstromverlauf im Sperrbereich bis mindestens -300 V, bevor elektrische Überschläge für weiter zunehmende Sperrspannungen feststellbar sind. Da erfahrungsgemäß -300 V bei einem Elektrodenabstand von 450 µm zur Trennung der Elektron-Loch-Paare ausreichen [109], ist das Auftreten von elektrischen Überschlägen beim Betrieb des Zeilendetektors sehr unwahrscheinlich. Weiterhin lässt sich eine Zunahme des Dunkelstroms bei höheren Temperaturen verzeichnen. Allerdings steigt dieser bei einer Erhöhung von 25 °C auf 45 °C um maximal eine Größenordnung an. Dies ist allerdings unerheblich, da der Dunkelstrom im gemessenen Bereich von der Auswerteelektronik kompensiert wird. Somit belegt die Untersuchung der I-U-Kennlinien die Nutzbarkeit des GaAs-Absorbers für die geplante Anwendung.

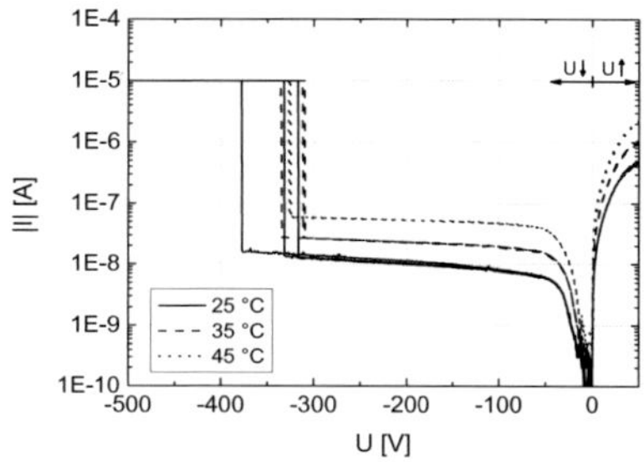

Bild 21: I-U-Kennlinien der GaAs-Absorber bei verschiedenen Temperaturen

5.4.2 Spektrale Empfindlichkeit

Zusätzlich wurde die spektrale Empfindlichkeit des GaAs-Absorbers untersucht. Als Strahlungsquelle diente das Americiumisotop ^{241}Am, welches Gammaphotonen verschiedener Energien abstrahlt (E_{Ph} = 14 keV, 26 keV, 33 keV, 59 keV, 125 keV, 146 keV, ... [110]). Der Einfall der Gammaphotonen bedingt im GaAs die Entstehung von Elektron-Loch-Paaren.

Es stand der in Bild 22 gezeigte Messplatz zur Verfügung, der aus dem Vorverstärker *Ortec 132 (Oak Ridge, Tennessee, USA)*, dem Verstärker *Ortec 671*, der Spannungsversorgung *Ortec 660* sowie der *Ortec Trump-PCI*-Messkarte als Multichannel Pulse Height Analyzer besteht. Die generierten Elektron-Loch-Paare verursachen am Ausgang des Vorverstärkers für eine definierte Ladungsempfindlichkeit einen Spannungsimpuls, der vom Verstärker weiterverarbeitet wird. Im Anschluss erfolgt eine Analog-Digital-Umsetzung mittels des Multichannel Pulse Height Analyzers mit 512 Kanälen, so dass diskrete Messergebnisse generiert werden.

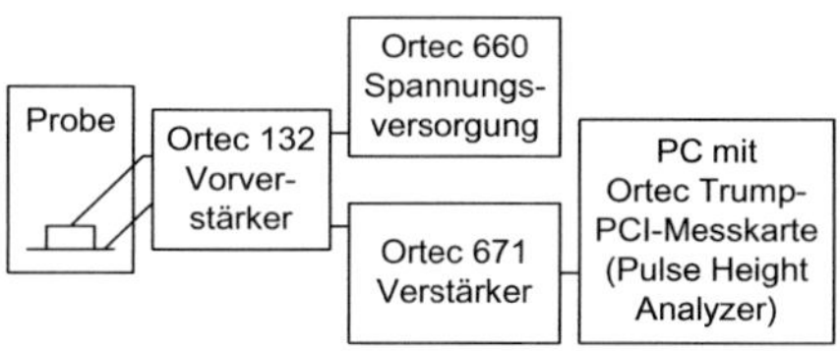

Bild 22: Messplatz zur Bestimmung der spektralen Empfindlichkeit des GaAs-Absorbers

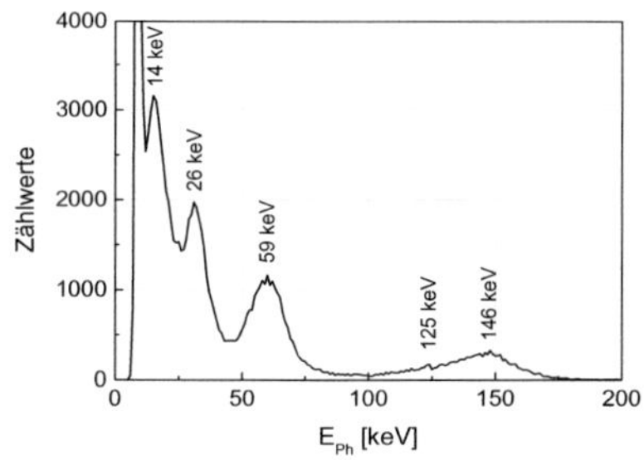

Bild 23: Bestimmung der spektralen Empfindlichkeit des GaAs-Absorbers durch Bestrahlung mit Gammaphotonen (^{241}Am)

Bild 23 zeigt die Zählwerte, die für eine Messzeit von 24 h bei 50-facher Verstärkung für eine angelegte Spannung von 200 V zur Ladungsträgertrennung sowie für 1 µs Shapingzeit erzielt wurden. Den Kanälen mit lokalen Maxima sind die zugehörigen Photonenenergien der ^{241}Am-Quelle zugeordnet. Nur für eine Photonenenergie von 33 keV lässt sich lediglich eine schwache Schulter erahnen. Somit zeigt die Vermessung der spektralen Empfindlichkeit, dass der GaAs-Absorber ein geeignetes Medium zur Detektion von Gamma- und Röntgenphotonen im Energiebereich $E_{Ph} = 14 \dots 150$ keV darstellt. Die Anwendung des Röntgendetektors belegt seine Nutzbarkeit bis zu Photonenenergien von 180 keV.

5.5 Messungen mithilfe des Zeilendetektors

Als Nachweis der prinzipiellen Funktionstüchtigkeit wurden erste Messungen mit einem Detektormodul durchgeführt [111, 112]. Der in Bild 24 gezeigte Messaufbau besteht aus einer Röntgenquelle (*Yxlon FXE225 (Hamburg, Deutschland)* mit einem Transmissionstarget, 6 µm Wolfram-Target auf 250 µm Diamant-Substrat), einem Stufenkeil und dem beschriebenen Detektormodul. Der verwendete Stufenkeil weist neun Stahllagen auf und verhindert somit lokal die direkte Bestrahlung des Detektormoduls. Die Stahllagen haben jeweils eine Dicke von 1 mm, unterscheiden sich jedoch in der Länge. Entsprechend Bild 24 führt der Aufbau der neun Stahllagen zu regelmäßigen Stufenlängen. Dieser Aufbau garantiert die Bestrahlung in Längsrichtung des Detektormoduls entsprechend des LAMBERT-BEERschen Schwächungsgesetzes (Formel 7) mit verschiedenen Intensitäten. Dieser Sachverhalt sollte sich in den Zählwerten des Detektormoduls widerspiegeln. Natürlich sollten die Zählwerte von Pixeln hinter geringen Stahldicken (z. B. für d_1) deutlich größer im Vergleich zu Zählwerten von Pixeln hinter großen Stahldicken (z. B. für d_9) sein. So kann ein exponentieller Abfall der Zählwerte mit steigender Stahldicke für monochromatische Röntgenstrahlung erwartet werden.

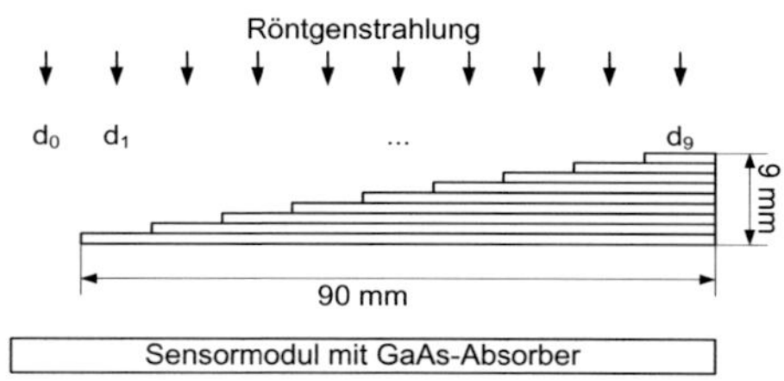

Bild 24: Messaufbau mit Stufenkeil und Detektormodul, Skizze nicht maßstäblich

Bild 25 zeigt die Zählwerte des Detektormoduls mit 1024 Pixeln und dem Stufenkeil im Strahlengang für eine Beschleunigungsspannung $U_B = 150\,kV$ und einen Röhrenstrom $I_{r1} = 100\,\mu A$ respektive $I_{r2} = 150\,\mu A$. In beiden Verteilungen sind die Zählwerte für jedes sechzehnte Pixel dargestellt. Die Messwerte decken sich mit den Erwartungen hinsichtlich mehrerer Aspekte. Erstens, die Zählwerte nehmen mit wachsender Stahldicke im Strahlengang ab. Zweitens, die Zählwerte für einen Röhrenstrom von 150 µA sind signifikant höher im Vergleich zu denen für einen Röhrenstrom von 100 µA. Dieses Verhalten resultiert aus der Bildung größerer Photonenzahlen für höhere Röhrenströme. Drittens, die Zählwerte benachbarter Pixel verdeutlichen die Form des Stufenkeils. Befinden sich die Pixel hinter der gleichen Stahldicke, weisen diese ähnliche Zählwerte auf und es kommt zur Ausbildung markanter Zählwertniveaus. Viertens, die Abweichung der Zählwertverteilungen von einem linearen Abfall in logarithmischer Darstellung, d. h. von einem exponentiellen Abfall in linearer Darstellung, ist offensichtlich. Diese Abweichung wird durch polychromatische Röntgenstrahlung verursacht. Photonen unterschiedlicher Energien transmittieren in verschiedenem Anteil durch die Stahllagen. So verursacht der Stufenkeil eine Strahlaufhärtung durch Absorption niederenergetischer Photonen bei gleichzeitiger Transmission höherenergetischer Photonen. Damit sorgt der Stufenkeil besonders bei großen Stahldicken für höhere Zählwerte im Vergleich zu den theoretischen Zählwerten für monochromatische

Röntgenstrahlung. Dieser Effekt wird in Kapitel 7 näher betrachtet.

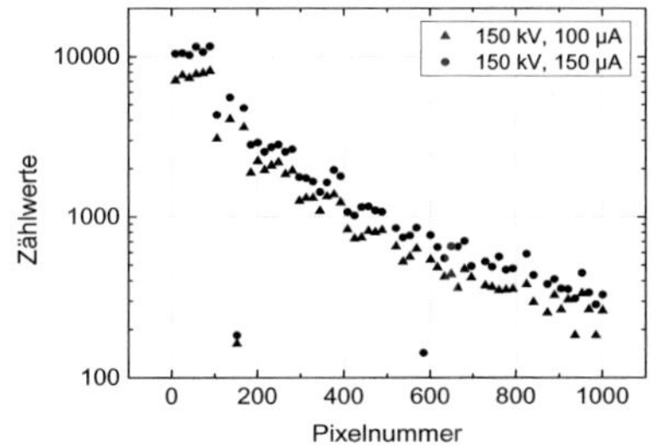

Bild 25: Zählwerte des Detektormoduls mit 1024 Pixeln und dem Stufenkeil im Strahlengang für eine Beschleunigungsspannung $U_B = 150\,kV$ und einen Röhrenstrom $I_{r1} = 100\,\mu A$ respektive $I_{r2} = 150\,\mu A$; beide Darstellungen zeigen die Zählwerte für jedes sechzehnte Pixel

Die Zählwerte benachbarter Pixel mit identischer Stahldicke im Strahlengang können zur besseren Lesbarkeit gemittelt werden. Bild 26 zeigt die gemittelten Zählwerte des Detektormoduls und deren Standardabweichung mit dem Stufenkeil im Strahlengang für eine Beschleunigungsspannung $U_B = 150\,kV$ und für die Röhrenströme $I_{r1} = 100\,\mu A$ respektive $I_{r2} = 150\,\mu A$. Die Ergebnisse sind den folgenden beiden Punkten entsprechend plausibel und verdeutlichen die Eignung des Detektors als direktwandelnden Röntgendetektor. Zum einen verläuft der Abfall beider Zählwertverteilungen mit zunehmender Stahldicke kontinuierlich ohne größere Ausreißer. Zum anderen ist der Abstand beider Zählwertverteilungen über die Länge des GaAs-Absorbers nahezu konstant. Dieses Verhalten verdeutlicht ebenfalls Tabelle 3, die das Verhältnis der Zählwerte für beide Röhrenströme zeigt.

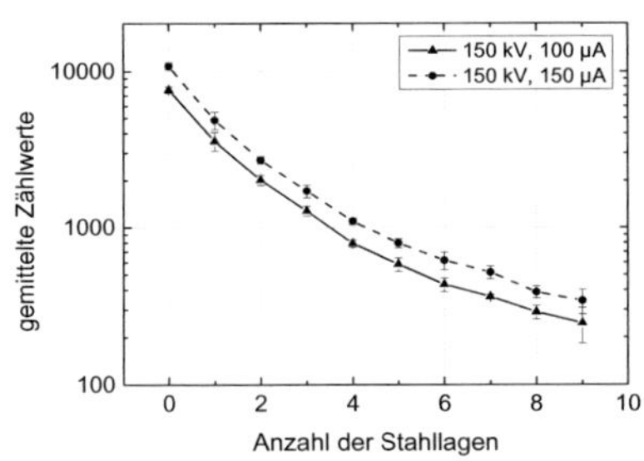

Bild 26: Gemittelte Zählwerte und deren Standardabweichung für ein Detektormodul mit 1024 Pixeln und dem Stufenkeil im Strahlengang für die Beschleunigungsspannung $U_B = 150\,kV$ und die Röhrenströme $I_{r1} = 100\,\mu A$, $I_{r2} = 150\,\mu A$

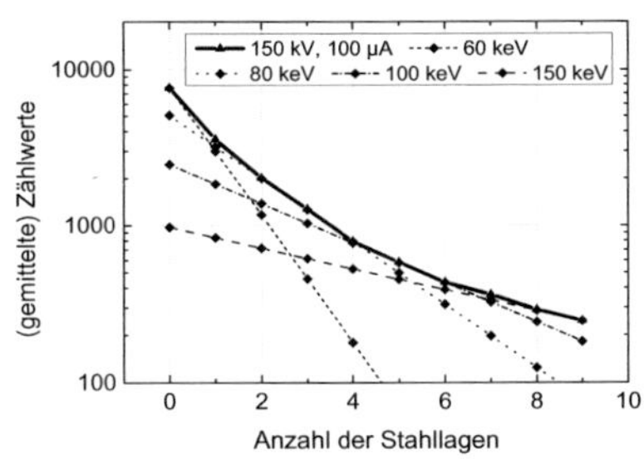

Bild 27: Vergleich von gemittelten Zählwerten des Detektormoduls (150 kV, 100 µA) und theoretischen, normierten Zählwerten bei Verwendung monochromatischer Röntgenstrahlung verschiedener Photonenenergien

Stahllagen	0	1	2	3	4
$\frac{\text{gemittelte Zählwerte (150 µA)}}{\text{gemittelte Zählwerte (100 µA)}}$	1,39	1,34	1,43	1,43	1,36
Stahllagen	5	6	7	8	9
$\frac{\text{gemittelte Zählwerte (150 µA)}}{\text{gemittelte Zählwerte (100 µA)}}$	1,38	1,35	1,34	1,36	1,42

Tabelle 3: Verhältnis der gemittelten Zählwerte für die Röhrenströme $I_{r2} = 150\,\mu A$ und $I_{r1} = 100\,\mu A$, jeweils für die Beschleunigungsspannung $U_B = 150\,kV$ und mit dem Stufenkeil im Strahlengang

Als Plausibilitätstest können die gemittelten Zählwerte mit den theoretischen Zählwerten, die bei Bestrahlung mit monochromatischer Röntgenstrahlung entstehen würden, verglichen werden. Diese theoretischen Zählwerte, die nach Interaktion der Röntgenphotonen mit dem Stufenkeil entstehen, können für jede Stahldicke mithilfe des LAMBERT-BEERschen Schwächungsgesetzes (Formel 7) berechnet werden. Dafür wird der Absorptionskoeffizient von elementarem Eisen als sehr gute Näherung genutzt, da Stahl zu 95 % aus Eisen besteht [113] und der Absorptionskoeffizient von Eisen bekannt ist. Werte für den Massenschwächungskoeffizienten ρ/μ von Eisen gegenüber Röntgenstrahlung zeigt Tabelle 4 für verschiedene Photonenenergien [114, 115]. Der Absorptionskoeffizient μ wird durch Multiplikation des Massenschwächungskoeffizienten und der Dichte von Eisen berechnet ($\rho_{Fe} = 7{,}79\,g/cm^3$). Die theoretischen Zählwerte für 60 keV, 80 keV, 100 keV und 150 keV können zur besseren Vergleichbarkeit normiert werden. Dafür werden alle vier theoretischen Verteilungen an die gemessene Zählwertverteilung (Beschleunigungsspannung $U_B = 150\,kV$, Röhrenstrom $I_{r1} = 100\,\mu A$) an den Stellen angepasst, an denen der jeweilige Anstieg der theoretischen Verteilung dem Anstieg der gemessenen Verteilung entspricht. Bild 27 zeigt den Vergleich von gemessenen Zählwerten für polychromatische Röntgenstrahlung und berechneten Zählwerten für monochromatische Röntgenstrahlung. Zunächst zeigen die Anstiege der Zählwertverteilungen, dass für sehr geringe Stahldicken überwiegend Photonen mit einer Energie von 60 keV vorliegen. Weiterhin verdeutlichen die Anstiege der Zählwertverteilungen für große Stahldicken eine mit wachsender Stahldicke zunehmende Strahlaufhärtung durch die Filterung niederenergetischer Photonen. Diese Strahlaufhärtung führt bei großen Stahldicken zur vorwiegenden Existenz sehr hochenergetischer Photonen bis maximal 150 keV. Diese Photonenenergie entspricht genau der maximalen Photonenenergie, die bei einem polychromatischen Röhrenspektrum für eine Beschleunigungsspannung $U_B = 150\,kV$ entsteht.

Photonenenergie E_{Ph} [keV]	Massenschwächungskoeffizient ρ/μ [cm^2/g]
60	1,958
80	1,205
100	0,5952
150	0,3717

Tabelle 4: Massenschwächungskoeffizienten von Röntgenstrahlung verschiedener Photonenenergien für elementares Eisen [114, 115]

6 Zuverlässigkeitsuntersuchungen

6.1 Zuverlässigkeit der Auswerteelektronik

6.1.1 Vorbetrachtungen

Der Auswertechip ist auch beim in Abschnitt 5.3 beschriebenen Aufbaukonzept einfallender Röntgenstrahlung ausgesetzt, so dass die Röntgenbestrahlung zu den in Abschnitt 4.1 beschriebenen Degradationen der in Analog- und Digitalteil des Auswertechips verwendeten MOS-Transistoren führen kann. Daher wurden Messreihen mit dem Ziel durchgeführt, die im Auswertechip verwendeten Einzeltransistoren hinsichtlich deren Strahlenresistenz zu charakterisieren. Ideal wären unveränderliche Transistorkennlinien, die einen zuverlässigen Langzeitbetrieb des Röntgendetektors gewährleisten würden.

Größere Strahlenresistenz der Transistoren kann durch verschiedene Maßnahmen wie die Nutzung von Enclosed-Layout-Transistoren erzielt werden [60, 116, 117]. Diese ringförmigen Transistoren vermeiden die bei gestreckten Transistoren vorkommenden, strahlungsbedingten Leckströme zwischen Drain- und Sourcegebiet des Transistors, die durch positive Aufladung des benachbarten Feldoxids und die sich damit bildenden Inversionsgebiete im Silizium-Substrat entstehen (siehe Bild 13). Eine Übersicht über gestreckte und ringförmige NMOS-Transistoren gibt Bild 28. Die eindiffundierten Source- und Draingebiete werden durch ein ringförmiges Gate abgegrenzt, wodurch kein Leckstrom zwischen Drain- und Sourcegebiet fließen kann. Die Ecken des ringförmigen Gates sind abgeschrägt, um eine konstante Kanallänge zu erreichen. Weiterhin ist das Gate nach außen geführt, um dort eine Kontaktierung zu ermöglichen. Neben der Notwendigkeit eines geeigneten Models zur Berechnung des Aspektverhältnisses von effektiver Kanalweite zu effektiver Kanallänge erweisen sich die Begrenzung des Aspektverhältnisses sowie die Asymmetrie des Transistors als nachteilig [60].

Eine weitere Möglichkeit, um die Strahlenresistenz der Transistoren zu erhöhen, stellt die Verwendung von Guardringen dar [59, 60, 118]. Dadurch können Ströme zwischen benachbarten Transistoren vermieden werden. Weiterhin kann eine Erhöhung der Strahlenresistenz der Transistoren durch die Verwendung von dünnen Gateoxiden erreicht werden. Bei ultradünnen Gateoxiden mit Dicken von etwa 2 nm werden einerseits deutlich weniger Elektron-Loch-Paare durch Röntgenbestrahlung generiert. Anderseits bedingen der

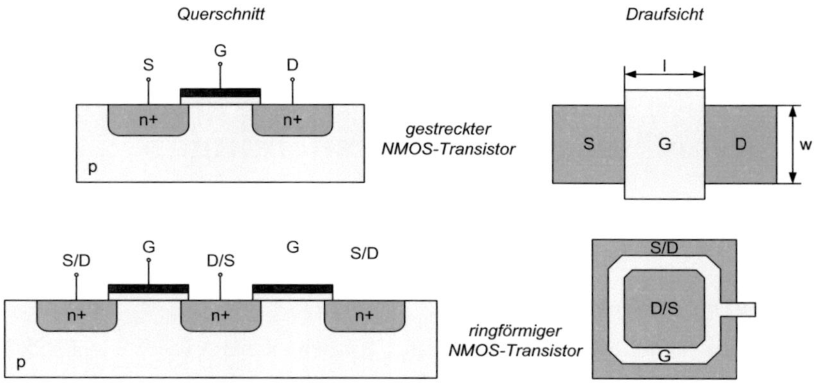

Bild 28: Querschnitt und Draufsicht von gestreckten sowie ringförmigen NMOS-Transistoren (l ... Kanallänge, w ... Kanalweite); bei ringförmigen Transistoren sind Drain- und Sourcekontakt vertauschbar; Skizzen nicht maßstäblich

geringere Abstand zwischen Raumladung und Gateelektrode sowie die wahrscheinlichere Rekombination der getrapten Löcher mit Elektronen aus dem Interface eine deutlich geringere Schwellenspannungsverschiebung. Allerdings verursacht das verstärkte Auftreten von Leckströmen bei ultradünnen Gateoxiden eine signifikante Empfindlichkeit gegenüber Röntgenstrahlung [119]. Eine zusätzliche Möglichkeit zur Erhöhung der Strahlenresistenz der Transistoren stellt die Dotierung von Gateoxiden dar. So können die Gateoxide von NMOS-Transistoren mit Aluminium und die Gateoxide von PMOS-Transistoren mit Chrom dotiert werden [58]. Außerdem reduziert eine niedrige Defektdichte im Gateoxid, welche durch Wachstumsmethoden mit geeigneten Prozessparametern und der Beimischung von Siliziumnitrid erreicht werden kann, die Empfindlichkeit gegenüber Röntgenstrahlung [59, 118]. Zusätzlich beeinflussen das Material und die Abscheidebedingungen der Gateelektrode die Trapping-Charakteristik im Oxid [63]. Für die Fertigung der im Folgenden beschriebenen Auswerte- und Testchips wurden jedoch Standardprozesse genutzt, die auf Dotierungen und weitere spezielle Maßnahmen zur Erhöhung der Strahlenresistenz gegenüber Röntgenstrahlung verzichten. Ebenso wurden keine Guardstrukturen implementiert.

6.1.2 Charakterisierung der Transistoren und Versuchsaufbau

Für den Entwurf des Auswertechips wurden Transistoren der 0,35 µm-Technologie mit 8 nm dickem Gateoxid und 300 nm dickem Polysilizium als Gateelektrode verwendet. Für die Evaluierung der Transistoren hinsichtlich ihrer Strahlenresistenz ist deren separate

Ansteuerung notwendig, die für den Auswertechip allerdings nicht möglich ist. Daher wurde ein Testchip entworfen *(Fraunhofer-Institut für Photonische Mikrosysteme, Dresden, Deutschland)*, der die im Auswertechip implementierten Transistoren enthält und deren separate Vermessung gestattet [120]. Prinzipiell wurden sowohl gestreckte als auch ringförmige Transistoren untersucht (siehe Bild 28), welche entweder in nicht-isolierter oder isolierter Ausführung realisiert wurden. Bild 29 zeigt exemplarisch den Querschnitt von gestreckten NMOS- und PMOS-Transistoren in nicht-isolierter oder isolierter Ausführung. Die Isolation des Transistors gegenüber dem Silizium-Substrat wurde durch tiefe n-dotierte Wannen *dn* erreicht. Die tiefen n-dotierten Wannen führen zur Minimierung des durch das Substrat hervorgerufenen Rauschens sowie zur Unterdrückung eines möglichen Latch-Up-Effekts.

Tabelle 5 zeigt die auf Auswerte- und Testchip befindlichen Transistoren. Obwohl im Auswertechip nur ringförmige NMOS-Transistoren wegen ihrer höheren Strahlenresistenz verwendet wurden, befinden sich auf dem Testchip zusätzlich gestreckte NMOS-Transistoren, um einen Vergleich zwischen ringförmigen und gestreckten NMOS-Transistoren zu ermöglichen. Beide Arten sind auf dem Testchip sowohl in nicht-isolierter als auch in isolierter Ausführung implementiert. Zusätzlich erlauben verschiedene Kanallängen und -weiten eine Aussage bezüglich der Strahlenresistenz in Abhängigkeit der Transistorgeometrie. PMOS-Transistoren wurden auf Auswerte- und Testchip wegen ihrer vermeintlichen Strahlenresistenz sowie begrenzter Chipfläche lediglich in gestreckter Form implementiert. Entsprechend den gestreckten NMOS-Transistoren wurden die gestreckten PMOS-Transistoren auf dem Testchip als nicht-isolierte Transistoren oder als isolierte Transistoren realisiert. Außerdem wurde die Kanallänge variiert, um deren Einfluss auf die Strahlenresistenz der PMOS-Transistoren untersuchen zu können. Die Tabellen A1-A3 im Anhang dokumentieren die unterschiedlichen Geometrien der auf Auswerte- und Testchip vorhandenen NMOS- und PMOS-Transistoren. Dabei wurden im Digitalteil des Auswertechips Transistoren mit geringen Kanallängen und mittleren Kanalweiten verwendet, um hohe Schaltgeschwindigkeiten und einen niedrigen Platzbedarf zu erreichen. Im Analogteil des Auswertechips wurden dagegen je nach Funktion sämtliche Transistorgeometrien verwendet. Nachfolgende Auflistungen stellen die möglichen Vergleichskriterien für die vorhandenen NMOS- und PMOS-Transistoren übersichtlich dar.

Vergleichskriterien für NMOS-Transistoren:

- Geometrie: Kanallänge, -weite
- Layout: gestreckt/ringförmig
- Isolation durch tiefe n-dotierte Wanne: mit/ohne

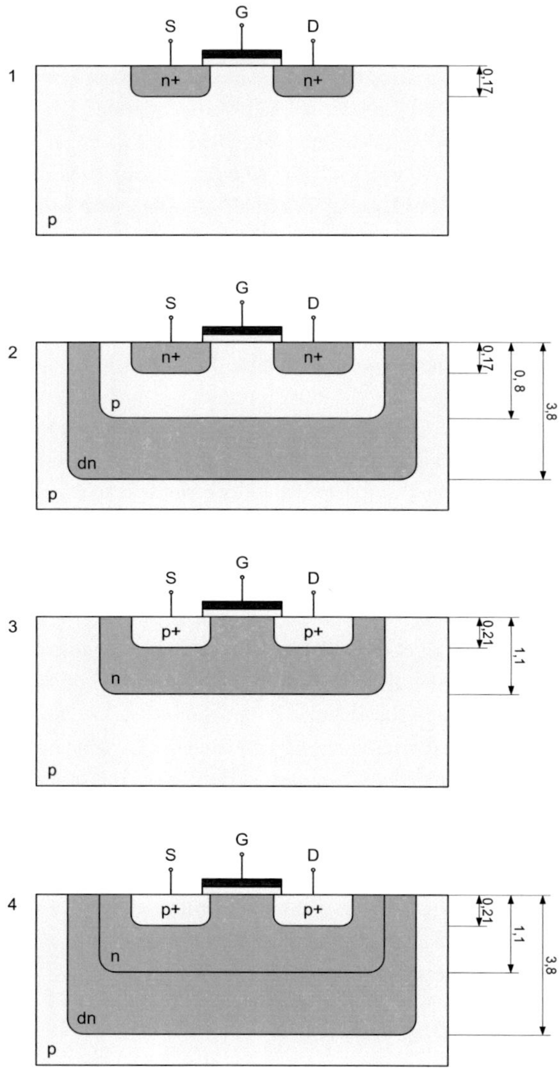

Bild 29: Querschnitt von gestreckten NMOS- und PMOS-Transistoren in nicht-isolierter oder isolierter Ausführung, 1 ... gestreckter, nicht-isolierter NMOS-Transistor, 2 ... gestreckter, isolierter NMOS-Transistor, 3 ... gestreckter, nicht-isolierter PMOS-Transistor, 4 ... gestreckter, isolierter PMOS-Transistor; Maße in µm; Skizzen nicht maßstäblich

NMOS	gestreckt nicht-isoliert	ringförmig nicht-isoliert	gestreckt isoliert	ringförmig isoliert
Auswertechip		X		X
Testchip	X	X	X	X

PMOS	gestreckt nicht-isoliert	ringförmig nicht-isoliert	gestreckt isoliert	ringförmig isoliert
Auswertechip	X		X	
Testchip	X		X	

Tabelle 5: In Auswerte- und Testchip implementierte MOS-Transistoren

Vergleichskriterien für PMOS-Transistoren:

- Geometrie: Kanallänge
- Isolation durch tiefe n-dotierte Wanne: mit/ohne

Als Bewertungskriterien der Strahlenempfindlichkeit der Transistoren dienen die Schwellenspannung U_{th} sowie der Drainstrom im Arbeitspunkt $I_{D,AP}$ und der Drainstrom bei maximaler Aussteuerung des Transistors $I_{D,max}$. Der *Drainstrom im Arbeitspunkt* wird im Folgenden auch als *Drainstrom in Arbeitspunktnähe* bezeichnet, da der Arbeitspunkt meist in einem gewissen Bereich schwanken kann. Besonderes Interesse liegt bei der Bewertung der Strahlenempfindlichkeit auf der Schwellenspannung und auf dem Drainstrom in Arbeitspunktnähe, da diese den Zustand des Transistors während des normalen Betriebs unter dem Einfluss von Röntgenbestrahlung beschreiben. Der Zusammenhang zwischen Drainstrom und Schwellenspannung ergibt sich für NMOS- und PMOS-Transistoren für die verschiedenen Arbeitsbereiche gemäß den Formeln 24-27 [64] (β_n ... Verstärkungsfaktor für NMOS-Transistoren, β_p ... Verstärkungsfaktor für PMOS-Transistoren). Weiterhin stellt Formel 28 den Einfluss von Kanalweite w und -länge l auf den Drainstrom dar ($I_{D\square}$ ... Drainstrom pro Quadrat).

NMOS-Transistoren: linearer Bereich $U_{GS} > U_{th}$, $U_{GS} - U_{th} > U_{DS}$

$$I_D = \beta_n \left[(U_{GS} - U_{th}) U_{DS} - \frac{U_{DS}^2}{2} \right] \tag{24}$$

NMOS-Transistoren: Sättigungsbereich $U_{GS} > U_{th}$, $U_{GS} - U_{th} \leq U_{DS}$

$$I_D = \frac{\beta_n}{2} (U_{GS} - U_{th})^2 \tag{25}$$

PMOS-Transistoren: linearer Bereich $U_{GS} < U_{th}$, $U_{GS} - U_{th} < U_{DS}$

$$I_D = -\beta_p \left[(U_{GS} - U_{th})\, U_{DS} - \frac{U_{DS}^2}{2} \right] \tag{26}$$

PMOS-Transistoren: Sättigungsbereich $U_{GS} < U_{th}$, $U_{GS} - U_{th} \geq U_{DS}$

$$I_D = -\frac{\beta_p}{2} (U_{GS} - U_{th})^2 \tag{27}$$

Einfluss des Aspektverhältnisses w/l des Kanals

$$I_D = I_{D\square} \frac{w}{l} \tag{28}$$

Bei gleichem Verhältnis von Kanalweite zu -länge fließt durch einen NMOS-Transistor auf Siliziumbasis ein um Faktor 2 ... 3 höherer Strom im Vergleich zu einem entsprechenden PMOS-Transistor. Dies entsteht durch das Verhältnis der Beweglichkeiten der sich im Kanal bewegenden Ladungsträger ($\mu_{e,Si} = 1350\,cm^2/Vs$, $\mu_{h,Si} = 480\,cm^2/Vs$, jeweils bei niedrigen Dotierungen [64]). Um gleiche Ströme für NMOS- und PMOS-Transistoren zu erhalten, muss die Kanalweite des PMOS-Transistors im Vergleich zu einem NMOS-Transistor entsprechend um Faktor 2 ... 3 größer sein.

Für die Charakterisierung der Transistoren hinsichtlich deren Strahlenresistenz wurde ein Messplatz aufgebaut. Dieser beinhaltete eine doppelte Source-Measure Unit *Keithley 2612B (Solon, Ohio, USA)* für die Vermessung der Ausgangs- und Transferkennlinien, ein Multimeter/Switch-System *Keithley 2700* mit zwei Relaisleiterplatten *Keithley 7705* als Einschubmodule für das Umschalten zwischen verschiedenen Strukturen für deren Vermessung sowie eine Spannungsversorgung *Hameg 8142 (Mainhausen, Deutschland)*. Die Vermessung der Ausgangskennlinienfelder und Transferkennlinien erfolgte mit den nachfolgend aufgelisteten Parametern.

- Ausgangskennlinienfeld:
  $I_D = f(U_{DS})$ mit $U_{DS} = 0 \dots 4\,[0{,}02]\,V$, Parameter $U_{GS} = 0{,}5 \dots 3{,}5\,[1]\,V$
- Transferkennlinie:
  $I_D = f(U_{GS})$ mit $U_{GS} = 0 \dots 4\,[0{,}02]\,V$, Parameter $U_{DS} = 1\,V$

Der Testchip wies an seinen Stirnseiten doppelreihige Bondpads auf, von denen entweder die inneren oder die äußeren Reihen kontaktiert werden konnten. Entsprechend wurden zwei Leiterplatten als Umverdrahtungsträger zur Ermöglichung der Vermessung der Teststrukturen mithilfe der genannten Messtechnik entworfen. Da sich zum einen je nach Kontaktierung die Anzahl der zu vermessenden Transistoren unterschied und zum anderen eine kontinuierliche Vermessung der Transistoren angestrebt war, unterschieden sich die Messintervalle für die Transistoren. Während die gestreckten respektive ringförmigen, nicht-isolierten Transistoren alle 13 min vermessen wurden, erfolgte die Vermessung der gestreckten respektive ringförmigen, isolierten NMOS-Transistoren sowie der PMOS-Transistoren alle 22 min.

Für die Bewertung der Strahlenresistenz der Auswerteelektronik erfolgte eine Bestrahlung eines Testchips, der alle aufgelisteten Einzelstrukturen beinhaltet und eine separate Vermessung der Einzelstrukturen ermöglicht. Auf diese Weise können mögliche Degradationserscheinungen des Auswertechips einzelnen Strukturen zugeordnet werden. Die Bestrahlung des Testchips erfolgte im *Seifert X-ray Diffractometer XRD 3000 PTS (Ahrensburg, Deutschland)*. Bei einer Beschleunigungsspannung von 50 kV und einem Röhrenstrom von 40 mA betrug die den Testchip treffende Strahlendosisleistung 1 kGy/d. Diese Strahlendosisleistung ist gegenüber der Strahlendosisleistung für die geplante Anwendung des Zeilendetektors (0,5 Gy/h) um etwa zwei Größenordnungen erhöht, so dass eine beschleunigte Alterung der Testchips durchgeführt wurde.

Es wurde das zeitliche Verhalten aller Transistoren vor, während und nach der Röntgenbestrahlung mindestens an zwei verschiedenen Testchips untersucht, um Informationen über den Einfluss von technologischen Schwankungen oder sonstigen Unsicherheiten zu erhalten. Die Messergebnisse ließen sich ausnahmslos reproduzieren, so dass technologische Schwankungen zwischen verschiedenen Testchips als vernachlässigbar eingestuft werden können. Lediglich die Versuche zum Tempern der Transistoren wurden einmalig durchgeführt.

6.1.3 Reproduzierbarkeit der Messergebnisse

Zur Überprüfung der Reproduzierbarkeit der Messergebnisse erfolgten wiederholende Messungen an allen charakterisierten Transistoren. Dafür wurden 50 aufeinanderfolgende Messungen von Ausgangs- und Transferkennlinien mit einer Schrittweite von 0,1 V statt der üblichen 0,02 V bei bestehender Kontaktierung aufgenommen. Bild 30 zeigt beispielhaft den Mittelwert und die Standardabweichung einer 50-fach vermessenen Ausgangskennlinie für $U_{GS} = 3{,}5$ V am Beispiel eines gestreckten, nicht-isolierten NMOS-Transistors mit einer Kanalweite $w = 4{,}95\,\mu m$ und einer Kanallänge $l = 0{,}35\,\mu m$. Am Beispiel dieses Transistors wie auch bei allen anderen Transistoren beträgt die Standardabweichung des Drainstroms etwa 0,7 ... 2 ‰ seines Mittelwerts. Folglich können bei der Auswertung der Messreihen unter dem Einfluss von Röntgenbestrahlung auftretende Messwertabweichungen, die 2 ‰ übersteigen, als vorhandener Effekt eingestuft werden. Messwertabweichungen, die unter 2 ‰ liegen, müssen dagegen als Rauschen eingeschätzt werden.

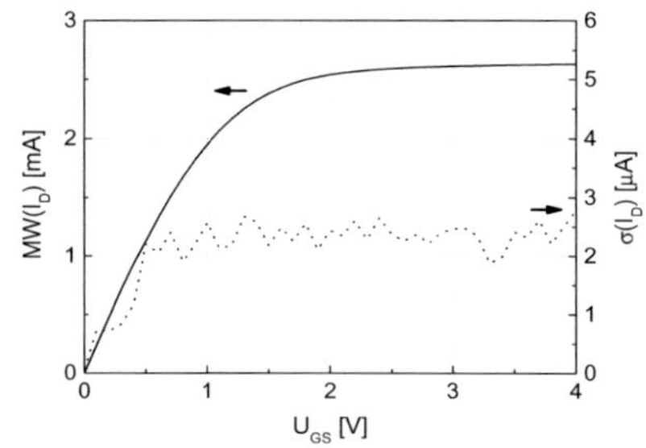

Bild 30: Mittelwert und Standardabweichung einer 50-fach vermessenen Ausgangskennlinie für $U_{GS} = 3{,}5$ V am Beispiel eines gestreckten, nicht-isolierten NMOS-Transistors (Kanalweite w = 4,95 µm, Kanallänge l = 0,35 µm)

6.1.4 Verhalten der Schwellenspannung und des Drainstroms

Bild 31 zeigt ein beispielhaft gemessenes Ausgangskennlinienfeld eines gestreckten, isolierten NMOS-Transistors mit der Kanalweite w = 4,95 µm und der Kanallänge l = 0,35 µm für verschiedene Gate-Source-Spannungen ($U_{GS} = 0{,}5$ V, 1,5 V, 2,5 V, 3,5 V). Für $U_{GS} = 0{,}5$ V hebt sich der Drainstrom nicht erkennbar von der Abszisse ab, da sich der Transistor im Sperrbereich befindet. Für größere Gate-Source-Spannungen zeigen sich typische Ausgangskennlinien mit deutlich ausgeprägten linearen Bereichen und Sättigungsbereichen. Die markierten Punkte des Drainstroms in Arbeitspunktnähe $I_{D,AP,NMOS}$ ($U_{DS} = 1$ V, $U_{GS} = 1{,}5$ V) und des maximalen Drainstroms $I_{D,max,NMOS}$ ($U_{DS} = 4$ V, $U_{GS} = 3{,}5$ V) wurden bei der Analyse der Messreihen genauer betrachtet. Für Vergleiche zwischen verschiedenen Transistoren ist deren Verhalten im Arbeitspunkt von besonderem Interesse. Für PMOS-Transistoren wurde ebenfalls vor allem der Drainstrom in Arbeitspunktnähe $I_{D,AP,PMOS}$ ($U_{DS} = -1$ V, $U_{GS} = -2{,}5$ V) betrachtet. Der Betrag der Gate-Source-Spannung im betrachteten Arbeitspunkt ist wegen der größeren Schwellenspannung im Vergleich zu NMOS-Transistoren um 1 V größer als bei NMOS-Transistoren.

Bild 32 zeigt eine beispielhaft gemessene Transferkennlinie eines gestreckten, isolierten NMOS-Transistors mit einer Kanalweite w = 4,95 µm und einer Kanallänge l = 0,35 µm für $U_{DS} = 1$ V. Die Ermittlung der Schwellenspannung der MOS-Transistoren würde für ideale Transistoren durch Auswertung der Transferkennlinie im Sättigungsbereich der Transistoren erfolgen. Für ideale Transistoren würde die Darstellung der Wurzel des Drainstroms über der Gate-Source-Spannung eine Gerade liefern, deren virtuelle Verlängerung in Richtung geringerer Gate-Source-Spannungen die Abszisse bei $U_{GS} = U_{th}$ schneidet [64]. Die vermessenen Transistoren entsprechen in ihrem Verhalten jedoch nicht dem idealer Transistoren, da Widerstände eine Strombegrenzung und somit eine Krümmung des Drainstromverlaufs in Abhängigkeit der Gate-Source-Spannung bedingen. Dies erschwert die Auswertbarkeit der Schwellenspannung, so dass ein anderes Verfahren zur Auswertung der Schwellenspannung genutzt wurde. Dabei wurde für NMOS-Transistoren an den Verlauf des Drainstroms in Abhängigkeit der Gate-Source-Spannung eine Tangente an den beiden Stellen $U_{GS1} = 1{,}5\,V$ und $U_{GS2} = 2\,V$ angelegt (siehe Bild 32). Der Schnittpunkt dieser Tangente mit der Abszisse ergibt die Schwellenspannung des Transistors. Für PMOS-Transistoren erfolgte das Anlegen der Tangente aufgrund der grundsätzlich um etwa 0,5 V größeren Schwellenspannung an den beiden Stellen $U_{GS1} = \text{-}2\,V$ und $U_{GS2} = \text{-}2{,}5\,V$. Somit wurde jeweils für NMOS- respektive PMOS-Transistoren ein definiertes Kriterium festgelegt, welches für Vergleiche zwischen Transistoren mit verschiedenem Aufbau oder für die Analyse des zeitlichen Verhaltens eines Transistors herangezogen werden kann.

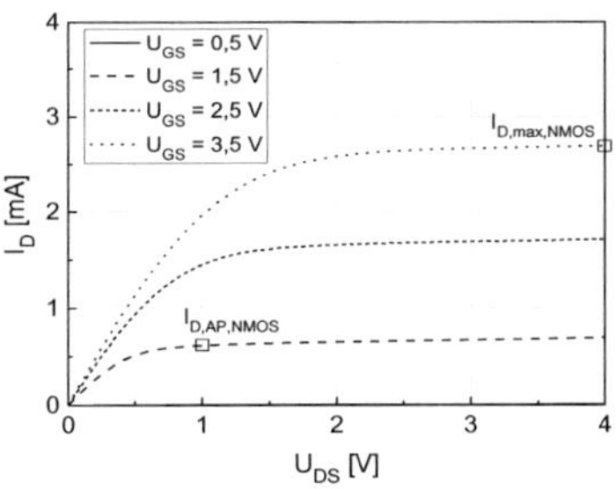

Bild 31: Beispielhaft gemessenes Ausgangskennlinienfeld eines gestreckten, isolierten NMOS-Transistors; Ausgangskennlinie für $U_{GS} = 0{,}5\,V$ auf Abszisse; signifikante Punkte: $I_{D,AP,NMOS}$, $I_{D,max,NMOS}$

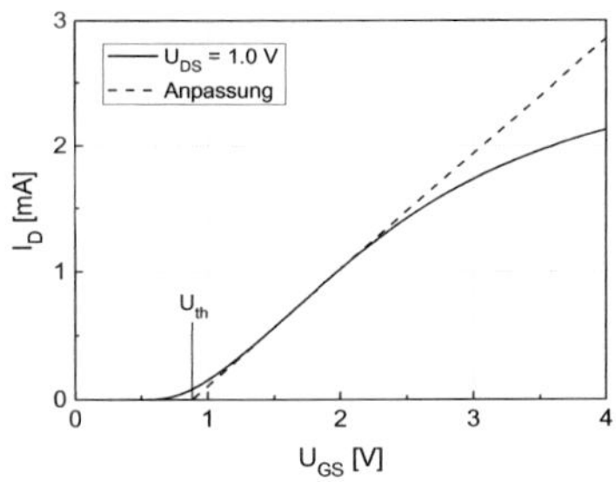

Bild 32: Beispielhaft gemessene Transferkennlinie eines gestreckten, isolierten NMOS-Transistors mit linearer Anpassung bei $U_{GS1} = 1{,}5\,V$ und $U_{GS2} = 2\,V$ zur Bestimmung der Schwellenspannung

Als Grundlage für die Analyse der zeitlichen Verläufe der Schwellenspannungen und Drainströme von NMOS- und PMOS-Transistoren vor, während und nach der Röntgenbestrahlung dienen die in Bild 11 dargestellten Ladungsverteilungen sowie die zugehörigen Erklärungen im Abschnitt 6.1.1.

Bild 33 zeigt beispielhafte zeitliche Verläufe der Schwellenspannung und des Drainstroms in Arbeitspunktnähe eines NMOS-Transistors unter dem Einfluss von Röntgenbestrahlung. Nach 0:44 h erfolgte eine Röntgenbestrahlung für 117:24 h, bevor die Vermessung für weitere 23:23 h ohne Bestrahlung weitergeführt wurde. Ausgehend von 0,883 V fällt die Schwellenspannung mit einsetzender Bestrahlung zunächst bis auf 0,804 V und somit auf 91,1 % des Ausgangswerts ab, da im Oxid getrapte Löcher die gleiche Wirkung wie die Löcher in der Gateelektrode haben. Dadurch unterstützen die Oxidladungen die Ausbildung eines leitfähigen Kanals im p-dotierten Silizium-Substrat und ermöglichen somit eine Ausbildung des Kanals bei niedrigeren Schwellenspannungen. Dieser Effekt bildet sich schnell aus, da mit einer Schichtdicke von 8 nm ein relativ großes Absorptionsvolumen vorhanden ist, in dem eine Ionisation des Oxids erfolgt. Bereits nach drei Stunden steigt die Schwellenspannung allerdings wieder an, wodurch sich ein Minimum der Schwellenspannung während der Bestrahlung ausbildet. Das Anwachsen der Schwellenspannung wird durch getrapte Löcher im Interface zwischen Gateoxid und Silizium-Substrat verursacht, was der Ausbildung des leitfähigen Kanals entgegenwirkt. Dieser Effekt wirkt sich aufgrund der relevanten Dicke von wenigen Atomlagen und des somit deutlich geringeren Absorptionsvolumens langsamer aus. Der Einfluss der im Interface zwischen Gateoxid und Silizium-Substrat getrapten Löcher ist wegen des geringeren Abstands zum leitfähigen Kanal jedoch deutlich größer, woraus der Anstieg der Schwellenspannung über deren Wert vor der Bestrahlung resultiert. Offensichtlich läuft die Schwellenspannung während der Röntgenbestrahlung gegen einen Sättigungswert, der sich durch den Zustand maximaler Ionisation auszeichnet. So wächst die Schwellenspannung infolge der Bestrahlung bis auf maximal 0,986 V und somit auf 111,8 % des Ausgangswerts an.

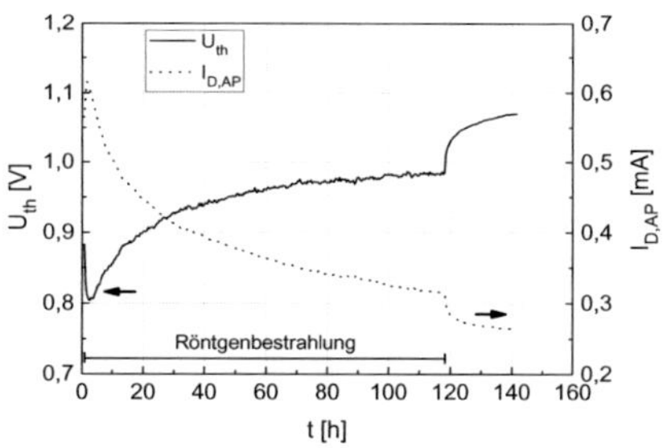

Bild 33: Beispielhafte zeitliche Verläufe der Schwellenspannung und des Drainstroms in Arbeitspunktnähe eines NMOS-Transistors unter dem Einfluss von Röntgenbestrahlung

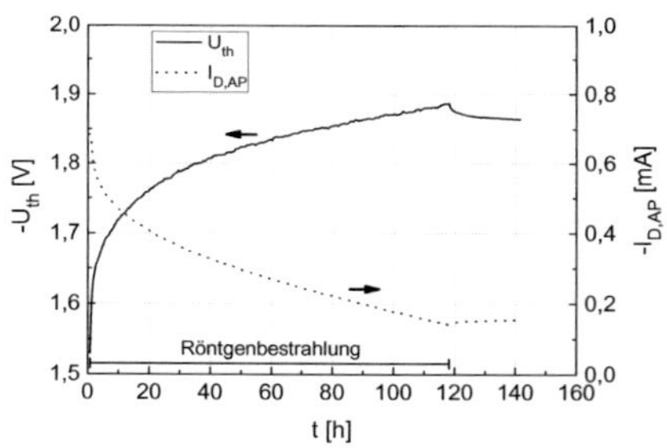

Bild 34: Beispielhafte zeitliche Verläufe der Schwellenspannung und des Drainstroms in Arbeitspunktnähe eines PMOS-Transistors unter dem Einfluss von Röntgenbestrahlung

Nach der Bestrahlung wächst die Schwellenspannung nochmals sprunghaft an, bevor sie danach gegen einen weiteren Sättigungswert läuft. Nach 23:23 h Nachmessung ohne Röntgenbestrahlung steigt die Schwellenspannung auf 1,070 V und somit auf 121,3 % des Ausgangswerts an. Der sprunghafte Anstieg der Schwellenspannung nach Röntgenbestrahlung resultiert aus dem schnelleren Ausheilen der Ladungen im Gateoxid im Vergleich zu den Ladungen im Interface zwischen Gateoxid und Silizium-Substrat [118]. Es ist offensichtlich, dass die Schwellenspannung nach der Röntgenbestrahlung ziemlich genau um den Wert ansteigt, um den sie direkt nach einsetzender Röntgenbestrahlung abfällt. Entsprechend liegt es nahe, dass die Oxidladungen größtenteils bereits 23:23 h nach der Röntgenbestrahlung ausgeheilt sind. Hingegen bleibt die durch die Interfaceladungen bedingte positive Schwellenspannungsverschiebung weitgehend bestehen.

Der Verlauf des zugehörigen Drainstroms in Arbeitspunktnähe entspricht qualitativ im Wesentlichen dem Verlauf, der für den in Formel 25 gezeigten Zusammenhang zwischen Schwellenspannung und Drainstrom erwartet werden kann. Demnach steigt der Drainstrom bei NMOS-Transistoren im Sättigungsbereich für geringer werdende Schwellenspannungen an und fällt entsprechend für größer werdende Schwellenspannungen ab. Allerdings fällt der Drainstrom bereits nach einer Röntgenbestrahlung von etwa einer Stunde ab, obwohl das Minimum der Schwellenspannung erst nach drei Stunden erreicht wird. Dieser vorzeitige Abfall des Drainstroms resultiert aus der strahlungsinduzierten Verringerung der Ladungsträgerbeweglichkeit, die sich gemäß Formel 17 besonders zu Beginn der Bestrahlung auswirkt.

Bild 34 zeigt beispielhafte zeitliche Verläufe der Schwellenspannung und des Drainstroms in Arbeitspunktnähe eines PMOS-Transistors unter dem Einfluss von Röntgenbestrahlung. Auch in diesem Fall erfolgte nach 0:44 h eine Röntgenbestrahlung für 117:24 h, bevor die Vermessung für weitere 23:23 h ohne Bestrahlung weitergeführt wurde. Direkt nach dem Beginn der Röntgenbestrahlung steigt der Betrag der Schwellenspannung schnell an, bevor dieser mit fortlaufender Bestrahlung immer langsamer anwächst. Ausgehend von einem Startwert der Schwellenspannung von -1,530 V steigt der Betrag der Schwellenspannung bis auf -1,888 V und somit auf 123,4 % des Ausgangswerts an. Der schnelle Anstieg nach dem Beginn der Röntgenbestrahlung ist stark von der schnellen Ausbildung der Oxidladungen geprägt. Im Anschluss tragen die sich langsamer ausbildenden Interfaceladungen zu einem stetigen Anstieg über den betrachteten Zeitraum bei, wobei die Schwellenspannung für sehr lange Bestrahlungsdauern gegen einen Sättigungswert mit maximaler Ionisation läuft. Da beide Löcherarten eine Anhebung des Betrags der Schwellenspannung verursachen, lassen sich beide Effekte kaum voneinander trennen. Gleiches gilt für die Verringerung der Schwellenspannung nach abgeschlossener Bestrahlung. Auch nach der Bestrahlung läuft der Betrag der Schwellenspannung gegen einen Sättigungswert, welcher mit -1,864 V bei 121,9 % des Startwerts der Schwellenspannung liegt. Dies deutet auf eine teilweise oder vollständige Ausheilung der schneller ausheilenden Löcher im Gateoxid hin. Die Ausheilung der Löcher im Interface zwischen Gateoxid und Silizium-Substrat erfolgt wahrscheinlich wie bei den NMOS-Transistoren nicht innerhalb der 23:23 h.

Der Verlauf des zugehörigen Drainstroms in Arbeitspunktnähe entspricht qualitativ dem Verlauf, der gemäß Formel 27 für den Zusammenhang zwischen Schwellenspannung und Drainstrom gilt. Demnach steigt der Drainstrom bei PMOS-Transistoren im Sättigungsbereich allgemein für vom Betrag her geringer werdende Schwellenspannungen an und fällt entsprechend für vom Betrag her größer werdende Schwellenspannungen ab. Für die Dauer der Röntgenbestrahlung verringert sich der Drainstrom zum einen durch den Anstieg des Betrags der Schwellenspannung und zum anderen durch die auftretende Reduzierung der Ladungsträgerbeweglichkeit.

Aus den gemessenen zeitlichen Verläufen der Schwellenspannungen von NMOS- und PMOS-Transistoren könnten Aktivierungsenergien sowie -raten der Ladungen im Gateoxid und im Interface zwischen Gateoxid und Silizium-Substrat ermittelt werden. Grundlage für die Bestimmung von Aktivierungsenergien und -raten sind die Änderungsraten der Schwellenspannungen. So sollten die Aktivierungsenergien und -raten beispielsweise von der Transistorgeometrie unabhängig sein. Diese Auswertungen bieten sich für weiterführende Analysen der Messwerte an, um beispielsweise einen Mehrwert für Simulationen zu erzielen.

6.1.5 Einfluss der Geometrie des Transistors auf Schwellenspannung und Drainstrom

Sowohl die Kanallänge als auch die Kanalweite eines Transistors haben Einfluss auf strahlungsinduzierte Veränderungen der Schwellenspannung und des Drainstroms. Die Veränderungen bei NMOS-Transistoren in Abhängigkeit der Kanallänge wurden an drei gestreckten, isolierten NMOS-Transistoren mit fast identischer Kanalweite (w = 11,95 µm, 11,95 µm, 12,7 µm) bei variabler Kanallänge (l = 0,35 µm, 2 µm, 5 µm, siehe Tabelle A2) untersucht. Bild 35 zeigt jeweils in Abhängigkeit der Kanallänge das Verhalten der Schwellenspannung vor der Röntgenbestrahlung, die Verläufe des Schwellenspannungsminimums und -maximums während der Röntgenbestrahlung über 117:24 h sowie den Verlauf des Schwellenspannungsmaximums 23:23 h nach der Röntgenbestrahlung (Vergleich in Bild 33). Dabei werden die drei Extrema jeweils auf den entsprechenden Ausgangswert der Schwellenspannung normiert dargestellt. Die Schwellenspannung vor der Röntgenbestrahlung verringert sich mit abnehmender Kanallänge wegen des Kurzkanaleffekts, der für Kanallängen unterhalb 1 µm auftritt [64, 121]. So führt eine räumliche Einengung durch die Sperrschichten der Bulk-Source- und Bulk-Drain-Dioden zu einer Kompensation der dort vorhandenen Raumladung durch Ladungen im Drain- und Sourcegebiet. Daraus resultiert eine Abnahme der Gateladung und somit eine Abnahme der Potentialbarriere sowie eine Abnahme der Schwellenspannung für geringe Kanallängen. Während und nach der Röntgenbestrahlung können geringere strahlungsinduzierte Verschiebungen der Schwellenspannung für größere Kanallängen beobachtet werden. So tritt beim Transistor mit sehr kurzer Kanallänge (l = 0,35 µm) eine überproportional starke Schwellenspannungsverschiebung auf, da entstehende Oxid- und Interfaceladungen größeren Einfluss bei einer niedrigeren Potentialbarriere haben.

Die strahlungsinduzierten Veränderungen bei PMOS-Transistoren in Abhängigkeit der Kanallänge wurden an fünf gestreckten, isolierten PMOS-Transistoren mit identischer Kanalweite (w = 10 µm) bei variabler Kanallänge (l = 0,35 µm, 0,5 µm, 1 µm, 2 µm, 5 µm, siehe Tabelle A3) untersucht. Bild 36 zeigt in Abhängigkeit der Kanallänge die Verläufe der Schwellenspannung vor der Röntgenbestrahlung, des Maximums des Schwellenspannungsbetrags während der Röntgenbestrahlung über 117:24 h sowie des Minimums des Schwellenspannungsbetrags über 23:23 h nach der Röntgenbestrahlung. Wiederum sind die Extrema auf den Startwert der Schwellenspannung normiert. Auch für PMOS-Transistoren zeigt sich die deutliche, durch Kurzkanaleffekte bedingte Verringerung des Schwellenspannungsbetrags für geringe Kanallängen ohne Röntgenbestrahlung. Weiterhin verdeutlichen die Verläufe des Maximums des Schwellenspannungsbetrags während der Röntgenbestrahlung sowie des Minimums des Schwellenspannungsbetrags nach der Röntgenbestrahlung eine geringere Schädigung für PMOS-Transistoren mit größeren Kanallängen. Dies gilt somit analog zu den NMOS-Transistoren.

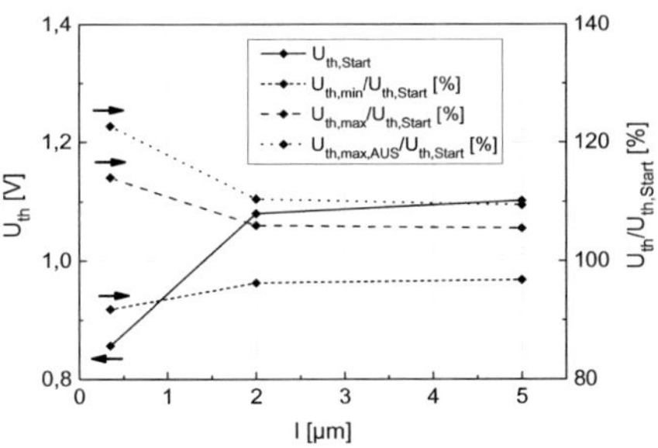

Bild 35: Schwellenspannung von gestreckten, isolierten NMOS-Transistoren in Abhängigkeit der Kanallänge l und deren Veränderung infolge Röntgenbestrahlung über 117:24 h und Nachmessung über 23:23 h

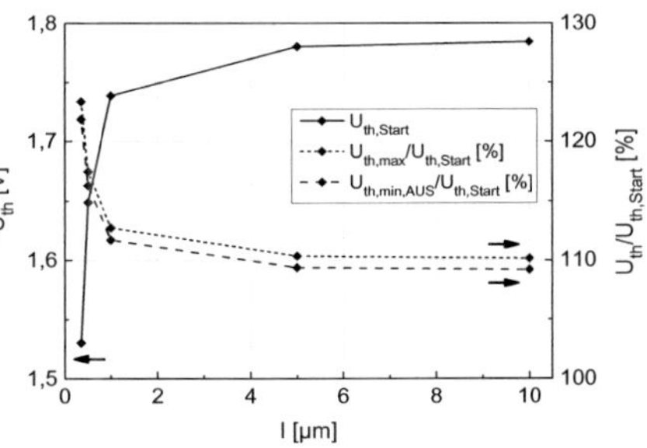

Bild 36: Schwellenspannung von gestreckten, isolierten PMOS-Transistoren in Abhängigkeit der Kanallänge l und deren Veränderung infolge Röntgenbestrahlung über 117:24 h und Nachmessung über 23:23 h

Weiterhin wurde der Einfluss der Kanalweite auf mögliche Veränderungen der Schwellenspannung infolge der Röntgenbestrahlung untersucht. Leider umfasst der Probenumfang der Transistoren für eine identische Kanallänge maximal zwei Transistoren mit unterschiedlicher Kanalweite (siehe Tabellen A1-A3), so dass die Vergleichbarkeit eingeschränkt ist. Tabelle 6 listet die Schwellenspannung von gestreckten, isolierten NMOS-Transistoren in Abhängigkeit der Kanalweite für verschiedene Kanallängen vor Röntgenbestrahlung, unter dem Einfluss von Röntgenbestrahlung über 117:24 h sowie für eine Nachmessung über 23:23 h auf. Der Ausgangswert der Schwellenspannung vor Röntgenbestrahlung verringert sich für größere Kanalweiten bei gleicher Kanallänge durch den Schmalkanaleffekt [121]. Dieser Effekt fällt um so stärker aus je geringer die Kanallänge ist. Der Schmalkanaleffekt tritt auf, da die Ladung an den Rändern des Kanals mit abnehmender Kanalweite im Vergleich zur Ladung im Kanal immer größer wird und damit nicht mehr vernachlässigt werden kann. Die Ladung am Rand des Kanals wird durch Gateladung kompensiert und verursacht dadurch eine Zunahme der Schwellenspannung für geringere Kanalweiten. Die Auswirkung der Röntgenstrahlung auf Schwellenspannungsverschiebungen unterscheidet sich für das durch Oxidladungen verursachte Schwellenspannungsminimum und für das durch Interfaceladungen verursachte Schwellenspannungsmaximum. Offensichtlich verringern die Oxidladungen bei größeren Kanalweiten die Schwellenspannung weniger, während die sich verzögert ausbildenden Interfaceladungen die Schwellenspannung bei geringeren Kanalweiten weniger beeinflussen. Ein entsprechendes Verhalten lässt sich für die Drainströme in Arbeitspunktnähe nachweisen. Für die Anwendung des Röntgenzeilendetektors ist der Zustand nach Ausbildung von Oxid- und Interfaceladungen relevant, weil sich dann Sättigungswerte für die Schwellenspannung und den Drainstrom in Arbeitspunktnähe während der Röntgenbestrahlung ergeben (siehe Bild 33). Entsprechend belegen die Messungen eine höhere Strahlenresistenz der Transistoren, die eine geringere Kanalweite aufweisen.

Für die Betrachtung der Strahlenresistenz der Transistoren in Abhängigkeit ihrer Geometrie kann somit zusammengefasst werden, dass sich die geringsten Schwellenspannungsverschiebungen unter dem Einfluss von Röntgenbestrahlung für große Kanallängen und geringe Kanalweiten ergeben.

6.1.6 Einfluss des Layouts des Transistors auf Schwellenspannung und Drainstrom

Das Layout eines Transistors hat einen merklichen Einfluss auf die Strahlenresistenz. So können strahlenempfindliche NMOS-Transistoren durch ein ringförmiges Layout anstelle eines gestreckten Layouts strahlenresistenter gemacht werden. PMOS-Transistoren gelten dagegen bereits mit einem gestreckten Layout als resistent gegenüber Röntgenstrahlung. Entsprechend wurden auf dem Testchip sowohl gestreckte als auch ringförmige NMOS-Transistoren für vergleichende Analysen implementiert. Weiterhin wurden gestreckte PMOS-Transistoren getestet, die ebenso wie die ringförmigen NMOS-Transistoren in dem Auswertechip enthalten sind (siehe Tabelle 5).

Prinzipiell bestätigen die Untersuchungen die größere Strahlenresistenz von ringförmigen NMOS-Transistoren im Vergleich zu gestreckten NMOS-Transistoren. Allerdings liegen die Verbesserungen lediglich im Bereich einiger Prozent für relative Drainstromänderungen in Arbeitspunktnähe. Bild 37 zeigt exemplarisch den Vergleich zwischen einem gestreckten,

NMOS gestreckt	w [µm]	l [µm]	$U_{th,Start}$ [V]	$\frac{U_{th,min}}{U_{th,Start}}$ [%]	$\frac{U_{th,max}}{U_{th,Start}}$ [%]	$\frac{U_{th,max,AUS}}{U_{th,Start}}$ [%]
#1	4,95	0,35	0,883	91,11	111,76	121,26
#2	11,95	0,35	0,856	91,83	114,05	122,67
#3	7,15	2	1,088	95,92	105,25	110,03
#4	11,95	2	1,080	96,27	105,99	110,47
#5	12,7	5	1,102	96,78	105,51	109,47
#6	23,9	5	1,102	97,12	105,74	109,55
NMOS gestreckt	w [µm]	l [µm]	$I_{D,AP,Start}$ [µA]	$\frac{I_{D,AP,max}}{I_{D,AP,Start}}$ [%]	$\frac{I_{D,AP,min}}{I_{D,AP,Start}}$ [%]	$\frac{I_{D,AP,min,AUS}}{I_{D,AP,Start}}$ [%]
#1	4,95	0,35	566	108,98	55,57	46,70
#2	11,95	0,35	1403	106,68	54,16	47,19
#3	7,15	2	187	109,31	60,18	48,96
#4	11,95	2	317	107,88	58,90	48,94
#5	12,7	5	144	108,24	60,30	49,67
#6	23,9	5	268	107,36	59,90	49,62

Tabelle 6: Schwellenspannungen und Drainströme in Arbeitspunktnähe von gestreckten, isolierten NMOS-Transistoren in Abhängigkeit der Kanalweite w für verschiedene Kanallängen l unter dem Einfluss von Röntgenbestrahlung über 117:24 h sowie für eine Nachmessung über 23:23 h

isolierten NMOS-Transistor und einem ringförmigen, isolierten NMOS-Transistor. Beide weisen eine Kanalweite $w = 23{,}9\,\mu m$ und eine Kanallänge $l = 5\,\mu m$ auf und wurden während 117:24 h Röntgenbestrahlung sowie 23:23 h Nachmessung charakterisiert. Es ist ersichtlich, dass die Schwellenspannungsverschiebung für ein ringförmiges Transistorlayout geringer ausfällt. Daraus resultiert ein um 3,97 % geringerer Abfall des Drainstroms in Arbeitspunktnähe zum Ende der Bestrahlung über 117:24 h sowie zum Ende der Nachmessung über 23:23 h. Da das ringförmige Transistorlayout zusätzlich parasitäre Ströme verhindert, bietet sich dessen Verwendung an, um strahlungsinduzierte Veränderungen zu reduzieren.

Nach dem anfänglichen Anstieg und dem länger anhaltenden Abfall des Drainstroms in Arbeitspunktnähe fällt der nahezu konstante Drainstromverlauf für gestreckte und ringförmige NMOS-Transistoren gegen Ende der Bestrahlung auf. Weil genau diese unveränderlichen Eigenschaften der Transistoren für den optimalen Betrieb des Röntgendetektors essentiell sind, bietet sich für den Einsatz in der Praxis eine beschleunigte Alterung des Auswertechips vor Inbetriebnahme des Röntgendetektors an, um strahlungsinduzierte Veränderungen des Drainstroms signifikant zu reduzieren. Diese vorgezogene Alterung kann beispielsweise durch eine Gammabestrahlung erfolgen.

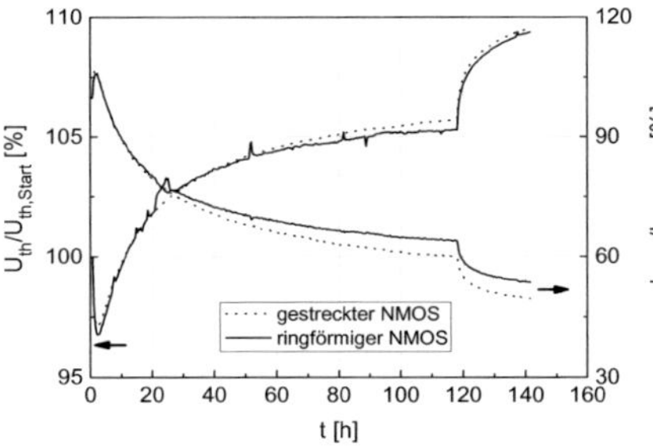

Bild 37: Vergleich von Schwellenspannung und Drainstrom in Arbeitspunktnähe für gestreckte respektive ringförmige, isolierte NMOS-Transistoren mit einer Kanalweite w = 23,9 µm und einer Kanallänge l = 5 µm (Röntgenbestrahlung 117:24 h, Nachmessung 23:23 h)

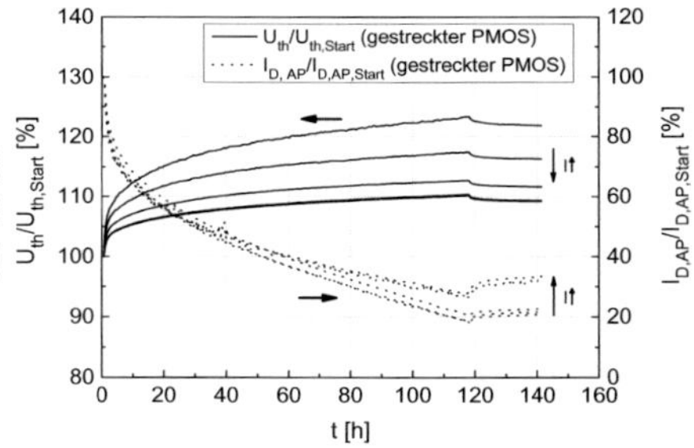

Bild 38: Vergleich von Schwellenspannung und Drainstrom in Arbeitspunktnähe für gestreckte, isolierte PMOS-Transistoren mit einer Kanalweite w = 10 µm und verschiedenen Kanallängen l = 0,35 µm, 0,5 µm, 1 µm, 2 µm, 5 µm (Röntgenbestrahlung 117:24 h, Nachmessung 23:23 h)

Da gestreckte PMOS-Transistoren bereits als resistent gegenüber Röntgenbestrahlung gelten, wurden weder auf dem Auswertechip noch auf dem Testchip ringförmige PMOS-Transistoren implementiert. Daher zeigt Bild 38 lediglich die jeweils auf den Startwert vor der Bestrahlung normierten Verläufe von Schwellenspannung und Drainstrom in Arbeitspunktnähe für gestreckte, isolierte PMOS-Transistoren. Es sind dieselben fünf gestreckten, isolierten PMOS-Transistoren mit identischer Kanalweite (w = 10 µm) und variabler Kanallänge (l = 0,35 µm, 0,5 µm, 1 µm, 2 µm, 5 µm), die in Bild 36 dargestellt sind. Entsprechend zeigt sich die bekannte größere Schwellenspannungsverschiebung und daraus resultierend der stärkere Drainstomabfall für geringere Kanallängen. Als nachteilig stellt sich der starke Abfall des Drainstroms in Arbeitspunktnähe auch nach 117:24 h Bestrahlungsdauer heraus. Der Drainstrom in Arbeitspunktnähe läuft nicht gegen einen Sättigungswert, was bei ausreichender Signalstärke einen zuverlässigen Betrieb des Transistors ermöglichen würde. Der strahlungsinduzierte Gradient des Drainstroms ist bei PMOS-Transistoren mit geringen Kanallängen auch nach Ende der Bestrahlung ausgeprägt. Somit bieten die PMOS-Transistoren mit größeren Kanallängen eine größere Strahlenresistenz gegenüber Röntgenstrahlung. Trotzdem ist zu befürchten, dass bei allen gestreckten PMOS-Transistoren für längere Bestrahlungen kein oder zu wenig Drainstrom fließen könnte. Dieser Effekt wird durch verschiedene Maßnahmen zum Strahlenschutz im Aufbaukonzept des Röntgendetektors merklich reduziert (siehe Abschnitt 5.3). Auch mit Blick auf die untersuchten PMOS-Transistoren empfiehlt sich eine beschleunigte Alterung des Auswertechips vor Inbetriebnahme des Röntgendetektors, um strahlungsinduzierte Veränderungen des Drainstroms zu minimieren.

6.1.7 Einfluss der Isolation des Transistors auf Schwellenspannung und Drainstrom

Neben nicht-isolierten Transistoren wurden isolierte Transistoren untersucht, deren Isolation das im Silizium-Substrat hervorgerufene Rauschen minimiert. Die tiefe n-dotierte Wanne bei NMOS- und PMOS-Transistoren (siehe Bild 29) hat vermutlich keinen Einfluss auf die nachteilige Ionisation des Gateoxids, kann aber parasitäre Ströme in Richtung des Substrats unterbinden. Es wurden jeweils zwei gestreckte NMOS-Transistoren mit und ohne tiefer n-dotierter Wanne untersucht. Tabelle 7 listet die zugehörigen Schwellenspannungen und Drainströme in Arbeitspunktnähe für eine Bestrahlungsdauer von 97:40 h auf. Aufgrund ursprünglich unterschiedlich langer Bestrahlungsdauern, 97:40 h für die nicht-isolierten Transistoren und 117:24 h für die isolierten Transistoren, ist eine Bewertung der Ergebnisse der Nachmessung nicht möglich.

Die Startwerte der Schwellenspannungen unterscheiden sich praktisch nicht für nicht-isolierte beziehungsweise isolierte NMOS-Transistoren. Dagegen existiert bei isolierten NMOS-Transistoren eine geringe Erhöhung des Drainstroms in Arbeitspunktnähe. Während der Röntgenbestrahlung treten kaum kontinuierliche Veränderungen der Extrema von Schwellenspannungs- und Drainstromverläufen auf. Allein die Änderung des Minimums der Schwellenspannung weist für isolierte NMOS-Transistoren geringere Abweichungen und somit in diesem Kriterium eine höhere Strahlenresistenz gegenüber Röntgenstrahlung auf. Für die wesentlichen Aspekte der Strahlenresistenz, also für das Schwellenspannungsmaximum und das Drainstromminimum am Ende der Bestrahlung, kann für den begrenzten Probenumfang kein erkennbarer Einfluss einer möglichen Isolation nachgewiesen werden.

Zusätzlich wurde der Einfluss einer tiefen n-dotierten Wanne auf die Strahlenresistenz von PMOS-Transistoren untersucht. Die Bilder 39 und 40 zeigen die Schwellenspannung respektive den Drainstrom in Arbeitspunktnähe vor und nach einer Röntgenbestrahlung über 117:24 h in Abhängigkeit der Kanallänge. Aus Bild 39 wird ersichtlich, dass der Ausgangswert der Schwellenspannung bei Verwendung einer Isolation für alle Kanallängen zunimmt. Weiterhin verursacht die Isolation der Transistoren unter dem Aspekt der Schwellenspannung eine höhere Strahlenresistenz, da das Schwellenspannungsmaximum nach der Bestrahlung für alle Kanallängen geringer ist. Entsprechend der Zunahme der Schwellenspannung vor der Bestrahlung zeigt Bild 40 eine geringe Abnahme des Drainstroms in Arbeitspunktnähe für alle Kanallängen. Weiterhin kann aus der geringeren Schwellenspannungsverschiebung für isolierte PMOS-Transistoren ein Anwachsen des Drainstroms

NMOS gestreckt	w [µm]	l [µm]	$U_{th,Start}$ [V]	$\frac{U_{th,min}}{U_{th,Start}}$ [%]	$\frac{U_{th,max}}{U_{th,Start}}$ [%]
nicht-isoliert	4,95	0,35	0,879	90,16	111,19
nicht-isoliert	23,9	5	1,105	96,18	104,89
isoliert	4,95	0,35	0,883	91,11	110,76
isoliert	23,9	5	1,102	97,12	105,42
NMOS gestreckt	w [µm]	l [µm]	$I_{D,AP,Start}$ [µA]	$\frac{I_{D,AP,max}}{I_{D,AP,Start}}$ [%]	$\frac{I_{D,AP,min}}{I_{D,AP,Start}}$ [%]
nicht-isoliert	4,95	0,35	565	108,96	57,98
nicht-isoliert	23,9	5	258	107,81	63,51
isoliert	4,95	0,35	566	108,98	58,30
isoliert	23,9	5	268	107,36	61,41

Tabelle 7: Schwellenspannungen und Drainströme in Arbeitspunktnähe von gestreckten NMOS-Transistoren in Abhängigkeit einer optionalen Isolation unter dem Einfluss von Röntgenbestrahlung über 97:40 h

in Arbeitspunktnähe nach der Röntgenbestrahlung erwartet werden. Allerdings zeigen die in Bild 40 dargestellten Verläufe des Drainstroms in Arbeitspunktnähe eine Abnahme des Drainstroms für isolierte PMOS-Transistoren. Dieser Widerspruch kann nicht erklärt werden und stellt eine prinzipielle Verbesserung der Strahlenresistenz der isolierten PMOS-Transistoren gegenüber den nicht-isolierten PMOS-Transistoren in Frage.

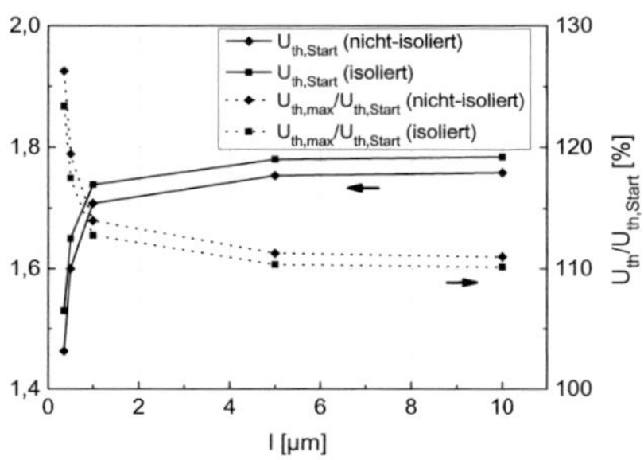

Bild 39: Vergleich der Schwellenspannung vor und nach einer Röntgenbestrahlung über 117:24 h für gestreckte, nicht-isolierte respektive isolierte PMOS-Transistoren mit variabler Kanallänge l und einer Kanalweite $w = 10\,\mu m$

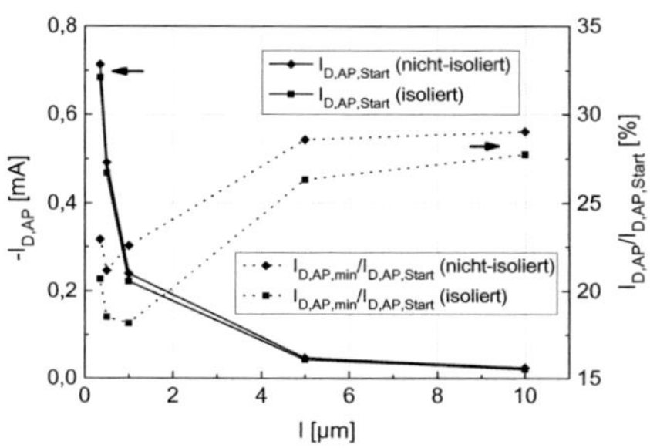

Bild 40: Vergleich des Drainstroms in Arbeitspunktnähe vor und nach einer Röntgenbestrahlung über 117:24 h für gestreckte, nicht-isolierte respektive isolierte PMOS-Transistoren mit variabler Kanallänge l und einer Kanalweite $w = 10\,\mu m$

Auf eine Darstellung der Ergebnisse zu den PMOS-Transistoren für das Schwellenspannungsmaximum sowie für das Drainstromminimum zum Ende der Nachmessung über 23:23 h wird verzichtet, da sie den Ergebnissen des Schwellenspannungsmaximums sowie des Drainstromminimums zum Ende der Bestrahlung über 117:24 h ähneln.

6.1.8 Vergleich mit niedrigerer Strahlendosisleistung

Die bisher gezeigten Ergebnisse wurden bei Messungen mit einer Strahlendosisleistung von 1 kGy/d erzielt. Bei der geplanten Anwendung des Zeilendetektors beträgt die Strahlendosisleistung jedoch etwa 0,5 Gy/h und liegt daher etwa um zwei Größenordnungen unterhalb der Strahlendosisleistung der zuvor beschriebenen Messungen. Daher stellt sich die Frage, welchen Einfluss die applizierte Strahlendosisleistung auf die Schädigung der Transistoren besitzt. Um eine Aussage bezüglich der Vergleichbarkeit beider Strahlendosisleistungen zu erreichen, wurden einzelne Messungen bei einer merklich reduzierten Strahlendosisleistung durchgeführt. Für die neuerliche Messung erfolgte die Bestrahlung bei einer Beschleunigungsspannung von 50 kV und einem Röhrenstrom von 10 mA statt der bisher verwendeten 40 mA. Somit ergibt sich eine Strahlendosisleistung von 250 Gy/d statt der bisher applizierten 1 kGy/d. Ferner wurde die Bestrahlungsdauer etwa um Faktor 4 erhöht, um eine identische Strahlendosis für die mit unterschiedlichen Strahlendosisleistungen bestrahlten Transistoren zu erhalten. Die Bestrahlung mit 250 Gy/d erfolgte über 477:04 h, während die Referenzproben über 109:29 h respektive 117:24 h mit 1 kGy/d bestrahlt wurden. Untersucht wurden die in Tabelle A2 aufgelisteten gestreckten, isolierten NMOS-Transistoren sowie die in Tabelle A3 gezeigten gestreckten, isolierten PMOS-Transistoren.

Bild 41 zeigt die zeitlichen Verläufe der Schwellenspannungen und der Drainströme in Arbeitspunktnähe eines beispielhaften gestreckten, isolierten NMOS-Transistors mit der Kanallänge $l = 1\,\mu m$ und der Kanalweite $w = 5{,}85\,\mu m$ für Strahlendosisleistungen von 250 Gy/d respektive 1 kGy/d. Vorteilhaft bei der niedrigeren Strahlendosisleistung ist der geringere Abfall der Schwellenspannung durch Ausbildung der Oxidladungen um 2,2 % (1,4 ... 3,4 % für die untersuchten Transistoren). Dagegen verursacht die Ausbildung der Interfaceladungen eine um 2,3 % stärkere Schwellenspannungerhöhung für die niedrigere Strahlendosisleistung (2,0 ... 5,5 % für die untersuchten Transistoren). Aus den Abweichungen der Schwellenspannungsverschiebungen bei unterschiedlichen Strahlendosisleistungen folgen entsprechende Abweichungen bei den Verschiebungen der Drainströme in Arbeitspunktnähe. Während der Drainstrom durch die Ausbildung der Oxidladungen um 4,0 % weniger ansteigt (-3,3 ... -4,3 % für die untersuchten Transistoren), fällt dieser durch die Ausbildung der Interfaceladungen um 6,5 % stärker ab (-4,8 ... -6,8 % für die untersuchten Transistoren). Zusätzlich scheinen die Veränderungen infolge der Ausheilung der Oxid- und Interfaceladungen nach Röntgenbestrahlung größer für höhere Strahlendosisleistungen zu sein. Zusammengefasst lässt sich festhalten, dass geringere Strahlendosisleistungen bei konstanter Strahlendosis etwas größere Veränderungen von Schwellenspannung und Drainstrom in Arbeitspunktnähe verursachen. Allerdings erlauben die Resultate durchaus, von der beschleunigten Alterung (1 kGy/d) auf die Auswirkungen der Bestrahlung für den Anwendungsfall des Röntgendetektors (0,5 Gy/h) zu schließen.

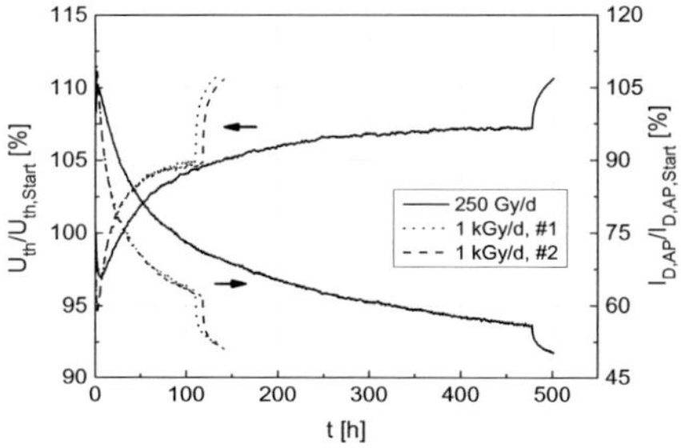

Bild 41: Zeitliche Verläufe der Schwellenspannung und des Drainstroms in Arbeitspunktnähe eines isolierten NMOS-Transistors unter dem Einfluss von Röntgenbestrahlung mit verschiedenen Strahlendosisleistungen, aber identischer applizierter Strahlendosis zum Ende der Bestrahlung

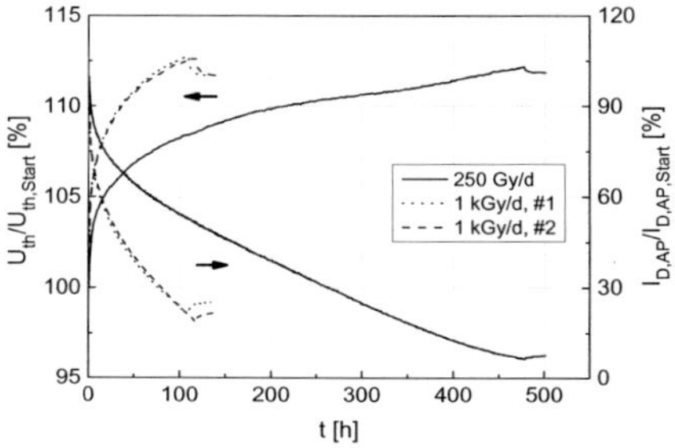

Bild 42: Zeitliche Verläufe der Schwellenspannung und des Drainstroms in Arbeitspunktnähe eines isolierten PMOS-Transistors unter dem Einfluss von Röntgenbestrahlung mit verschiedenen Strahlendosisleistungen, aber identischer applizierter Strahlendosis zum Ende der Bestrahlung

Bild 42 zeigt die zeitlichen Verläufe der Schwellenspannungen und der Drainströme in Arbeitspunktnähe eines beispielhaften gestreckten, isolierten PMOS-Transistors mit einer Kanallänge l = 1 µm und einer Kanalweite w = 10 µm für Strahlendosisleistungen von 250 Gy/d respektive 1 kGy/d. Die Schwellenspannungsverschiebung verringert sich lediglich um 0,55 % und bleibt somit praktisch unverändert für die verschiedenen Strahlendosisleistungen (-0,8 ... 1,1 % für die untersuchten Transistoren). Dagegen verringert sich der Drainstrom in Arbeitspunktnähe bei der niedrigeren Strahlendosisleistung von 250 Gy/d merklich um 13,3 % (-11,7 ... -15,0 % für die untersuchten Transistoren).

Die Versuche mit reduzierter Strahlendosisleistung verdeutlichen, dass die strahlungsinduzierte Schädigung der Transistoren in hohem Maße von der Strahlendosis und nur in geringem Maße von der Strahlendosisleistung abhängt. Allerdings besteht eine Einschränkung der Vergleichbarkeit, da die Messreihen mit einer Strahlendosisleistung von 250 Gy/h an nur einem Satz von Transistoren durchgeführt wurden und nicht durch Mehrfachmessungen bestätigt sind. Dennoch zeigt sich die Verwertbarkeit der umfangreichen Messreihen für die stark beschleunigte Degradation der Transistoren (1 kGy/d), um die Schädigung für die geplante Anwendung des Zeilendetektors (0,5 Gy/h) abzuschätzen.

6.1.9 Thermisches Ausheilen von Ionisationseffekten

Die durch Röntgenbestrahlung entstandenen Aufladungen im Gateoxid und im Interface zwischen Gateoxid und Silizium-Substrat können relaxieren. Dabei hängt die Relaxationsrate von Werkstoffparametern wie der Traptiefe und der elektrischen Leitfähigkeit im Isolator sowie von äußeren Einflüssen wie der Temperatur oder der Elektroneninjektion mittels einer UV-Lampe ab [63]. Bereits bei Raumtemperatur setzen Relaxationsvorgänge ein, die für diesen Fall jedoch sehr langsam ablaufen. Diese Relaxationsvorgänge können durch höhere Temperaturen beschleunigt werden. Dabei heilen die Interfaceladungen, wie in Bild 43 dargestellt [63], bei einer bestimmten Temperatur anteilig stärker als die Oxidladungen aus. Prinzipiell kann der Zyklus Röntgenbestrahlung-Ausheilen beliebig häufig wiederholt werden, ohne dass größere Unterschiede zwischen den Zyklen auftreten [63].

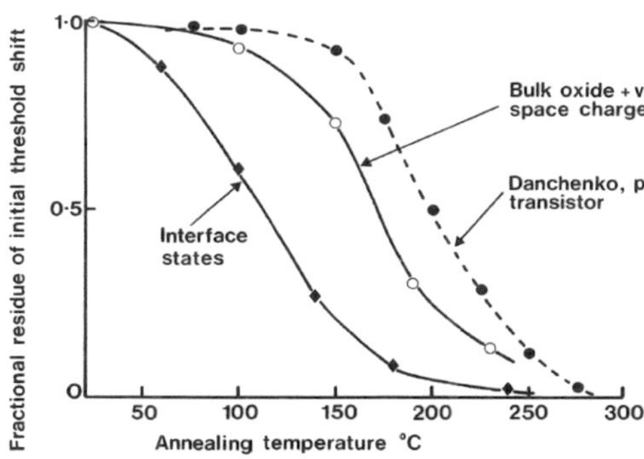

Bild 43: Ausheilung der Oxid- und Interfaceladungen durch Ausheizen [63], jeweils für ein Tempern von 10 min

Zur Untersuchung der Relaxation der Ionisationseffekte durch Tempern wurden alle Transistoren nach einer Vormessung von 0:44 h für 117:24 h mit 1 kGy/d bestrahlt. Im Anschluss an die Nachmessung von 23:23 h wurden die Transistoren bei 100 °C für 24 h ohne zeitgleiche Vermessung getempert, bevor wiederum eine Vormessung von 6:18 h, eine Röntgenbestrahlung von 65:30 h mit 1 kGy/d und eine Nachmessung von 28:11 h durchgeführt wurden.

Bild 44 zeigt die zeitlichen Verläufe der Schwellenspannung und des Drainstroms in Arbeitspunktnähe eines gestreckten, isolierten NMOS-Transistors (Kanallänge l = 1 µm, Kanalweite w = 5,85 µm) unter dem Einfluss zweier Bestrahlungen mit 1 kGy/d und einer zwischenzeitlichen Temperung. Wie im Abschnitt 6.1.4 beschrieben, verursachen die sich unmittelbar nach Bestrahlungsbeginn ausbildenden Oxidladungen ein Absinken der Schwellenspannung, bevor die sich verzögert ausbildenden Interfaceladungen ein Anwachsen der Schwellenspannung bewirken. Nach dem Ende der Bestrahlung relaxieren die Oxidladungen, was zu einer weiteren Anhebung der Schwellenspannung führt. Anschließend verursacht die Temperung bei 100 °C für 24 h eine teilweise Relaxation der Interfaceladungen, wodurch die Schwellenspannung etwas reduziert werden kann. Durch die unvollständige Relaxation der Interfaceladungen kann allerdings nicht der Wert der Schwellenspannung vor der ersten Bestrahlung erreicht werden. Für die zweite Bestrahlung wiederholen sich die beschriebenen Vorgänge, wobei die Ionisation des Oxids weniger Einfluss auf den Abfall der Schwellenspannung als bei der ersten Bestrahlung aufweist. Dagegen scheinen sich die Ausbildungen der Interfaceladungen während der ersten und zweiten Bestrahlung zu ähneln. Zwar fällt die Zunahme der Schwellenspannung während der zweiten Bestrahlung geringer aus, jedoch wird dies durch die geringere Bestrahlungsdauer relativiert. Der Drainstromverlauf in Arbeitspunktnähe korreliert mit dem Schwellenspannungsverlauf über die gesamte Versuchsdauer.

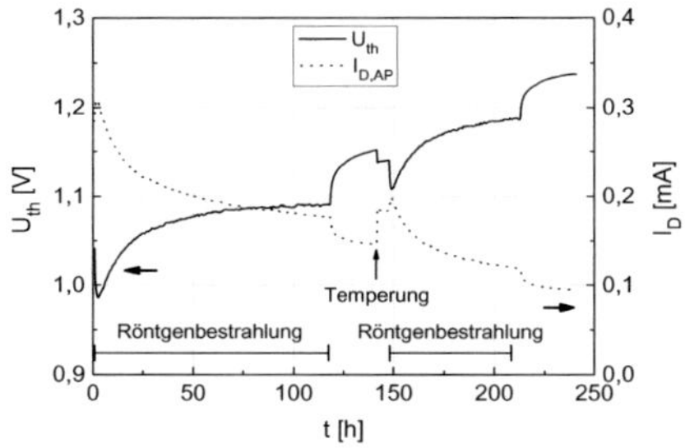

Bild 44: Zeitliche Verläufe der Schwellenspannung und des Drainstroms in Arbeitspunktnähe eines gestreckten, isolierten NMOS-Transistors (Kanallänge l = 1 µm, Kanalweite w = 5,85 µm) unter dem Einfluss zweier Bestrahlungen mit 1 kGy/d und einer zwischenzeitlichen Temperung

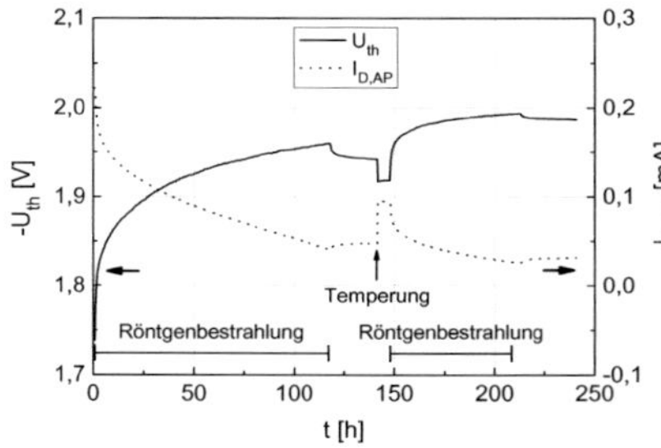

Bild 45: Zeitliche Verläufe der Schwellenspannung und des Drainstroms in Arbeitspunktnähe eines gestreckten, isolierten PMOS-Transistors (Kanallänge l = 1 µm, Kanalweite w = 10 µm) unter dem Einfluss zweier Bestrahlungen mit 1 kGy/d und einer zwischenzeitlichen Temperung

Bild 45 zeigt die entsprechenden zeitlichen Verläufe der Schwellenspannung und des Drainstroms in Arbeitspunktnähe eines gestreckten, isolierten PMOS-Transistors (Kanallänge l = 1 µm, Kanalweite w = 10 µm). Mit Beginn der ersten Bestrahlung wächst der Betrag der Schwellenspannung durch die Ausbildung der Oxid- und Interfaceladungen an. Nachdem die Nachmessung bereits durch den Abfall des Schwellenspannungbetrags die teilweise Relaxation der Oxidladungen dokumentiert, relaxieren infolge der Temperung zum Teil die Interfaceladungen, wodurch der Schwellenspannungsbetrag nochmals reduziert wird. Während der zweiten Bestrahlung wiederholen sich die Ionisationseffekte im

Oxid und im Interface. Deren Auswirkung auf die Schwellenspannungsverschiebung ist aber offensichtlich verringert. Auch für PMOS-Transistoren korreliert der Drainstromverlauf mit dem Schwellenspannungsverlauf über die gesamte Versuchsdauer.

Für eine quantitative Untersuchung des Einflusses der Temperung bietet sich das Verhältnis der Schwellenspannungs- respektive Drainstromwerte zum Ende der Temperung und zum Ende der ersten Nachmessung an. Die Untersuchungen belegen die Ergebnisse bezüglich der Schädigung der Transistoren in Abhängigkeit der Transistorgeometrie (Abschnitt 6.1.5), des Transistorlayouts (Abschnitt 6.1.6) und einer optionalen Isolation des Transistors (Abschnitt 6.1.7). So besitzt die Temperung einen größeren Einfluss bei den stärker geschädigten Transistoren (kleine Kanallängen, große Kanalweiten, gestrecktes Layout). Weiterhin können nach der Temperung keine Unterschiede zwischen isolierten und nicht-isolierten Transistoren festgestellt werden. Dies deckt sich mit der Erkenntnis, dass eine optionale Isolation der Transistoren keinen Einfluss auf die Ionisationseffekte aufweist. Auf eine detaillierte Darstellung des quantitativen Einflusses der Temperung auf die Schwellenspannungs- respektive Drainstromverschiebungen in Abhängigkeit der Geometrie, des Layouts und einer optionalen Isolation eines Transistors wird an dieser Stelle jedoch verzichtet.

Zusammenfassend kann festgehalten werden, dass das Tempern bei 100 °C für 24 h zunächst eine Verschiebung der Schwellenspannungen und Drainströme in Arbeitspunktnähe in Richtung derer Ausgangspunkte bewirkt. Die Effekte fallen für NMOS-Transistoren geringer und für PMOS-Transistoren größer aus. Allerdings gelangen die Verschiebungen von Schwellenspannung und Drainstrom in Arbeitspunktnähe bei PMOS-Transistoren während der zweiten Bestrahlung schnell wieder in den Bereich der Verschiebungen nach der ersten Bestrahlung. Für NMOS-Transistoren sind die Verschiebungen nach der zweiten Bestrahlung sogar noch stärker ausgeprägt, so dass sich eine vermeintliche Verschlechterung durch das Tempern ergibt. Für die Anwendung des Röntgendetektors ist eine Temperung bei 100 °C für 24 h nach einer gewissen applizierten Strahlendosis somit nicht vorteilhaft. Vielmehr sollte eine Ausheilung bei deutlich höheren Temperaturen, unter Beachtung der maximal zulässigen Temperatur, über längere Zeiträume sicherlich zu einer stärkeren Ausheilung der Interfaceladungen führen und somit nahezu das Erreichen des Ausgangszustands vor der Bestrahlung ermöglichen. Hinsichtlich der Temperatur sind in Anbetracht der verwendeten Materialien jedoch Grenzen gesetzt.

6.1.10 Vergleich mit kommerziell erhältlichen MOSFETs

Um die Plausibilität der Schwellenspannungen der auf dem Testchip befindlichen Transistoren zu überprüfen, wurden von kommerziell erhältlichen Transistoren Ausgangskennlinienfelder sowie Transferkennlinien aufgezeichnet. Als Vergleichsstrukturen dienten die

Transistoren *SSM3K16FU* [122] sowie *SSM3J16FS* [123] von *Toshiba (Minato, Japan)* als planare NMOS- respektive PMOS-Transistoren. Diese planaren Transistoren sollten wegen ihrer Bauform mit den Transistoren auf dem Testchip vergleichbar sein, auch wenn dies wegen des vom Hersteller geheim gehaltenen exakten Aufbaus nicht mit Sicherheit gesagt werden kann. Weiterhin muss das etwa 25 nm dicke Gateoxid der kommerziell erhältlichen Transistoren im Vergleich zum etwa 8 nm dicken Gateoxid der im Testchip verwendeten Transistoren beachtet werden. So verursacht das dickere Gateoxid eine größere Empfindlichkeit gegenüber Röntgenbestrahlung.

Es wurden jeweils zwei Transistoren während einer Röntgenbestrahlung mit einer Strahlendosisleistung von 1 kGy/d vermessen. Zur Ermittlung der Schwellenspannungen beider Transistoren mussten Veränderungen am bisher genutzten Auswertealgorithmus (siehe Bild 32) vorgenommen werden, da der jeweilige Drift der Schwellenspannung sowohl bei den NMOS-Transistoren als auch bei den PMOS-Transistoren zu groß war. Somit ist kein quantitativer Vergleich mit den Kennlinien der Transistoren des Testchips möglich. Ein qualitativer Vergleich wird jedoch nicht eingeschränkt.

Bild 46 zeigt die Transferkennlinien für $U_{DS} = 1\,V$ im unbestrahlten Ausgangszustand sowie nach etwa 8 h, 16 h beziehungsweise 24 h Bestrahlung. Offensichtlich kommt es zu einer sehr deutlichen Kennlinienverschiebung infolge der Bestrahlung. Die Bestimmung des Schwellenspannungsverlaufs der NMOS-Transistoren von *Toshiba* erfolgte durch lineare Anpassung bei $I_{D1} = 130\,mA$ und bei $I_{D2} = 160\,mA$, wobei sich die Schwellenspannung aus der Schnittstelle der Anpassungsgeraden mit der Abszisse ergibt. Die zeitlichen Verläufe der Schwellenspannung für zwei NMOS-Transistoren zeigt Bild 47. Durch die Röntgenbestrahlung fällt die Schwellenspannung rapide bis zu negativen Schwellenspannungen ab, wobei sich der Abfall der Schwellenspannung mit zunehmender Bestrahlungszeit verringert. Nach dem Ende der Bestrahlung steigt die Schwellenspannung etwas an, was auf eine teilweise Relaxation der Ionisationseffekte schließen lässt. Der Vergleich zum Schwellenspannungsverlauf der NMOS-Transistoren des Testchips in Bild 33 legt signifikante Unterschiede nahe. Zum einen steigt die Schwellenspannung der NMOS-Transistoren von *Toshiba* nicht nach wenigen Stunden Bestrahlungsdauer wieder an. Zum anderen sinkt die Schwellenspannung der NMOS-Transistoren von *Toshiba* auch auf negative Werte, wodurch aus den ursprünglich selbstsperrenden Transistoren nun selbstleitende Transistoren werden. Beide Effekte ließen sich wahrscheinlich mit Kenntnis des präzisen Aufbaus der NMOS-Transistoren von *Toshiba* erklären. Zusammenfassend kann gesagt werden, dass die Kennlinien der NMOS-Transistoren von *Toshiba* nur teilweise den Kennlinien der Transistoren auf dem Testchip folgen.

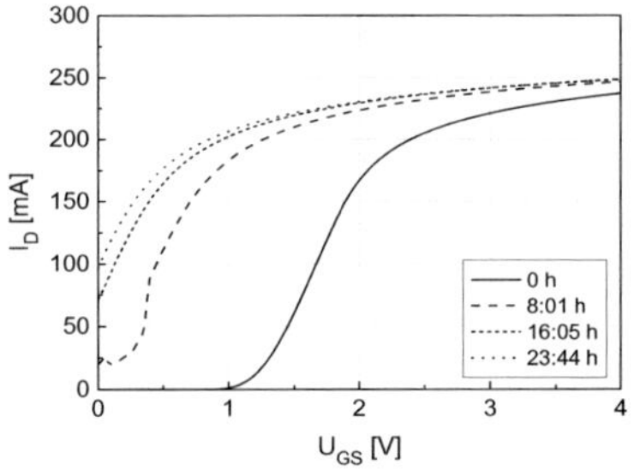

Bild 46: Transferkennlinien des kommerziell erhältlichen, planaren NMOS-Transistors *SSM3K16FU* für $U_{DS} = 1\,V$ nach unterschiedlichen Bestrahlungsdauern bei einer Strahlendosisleistung von 1 kGy/d

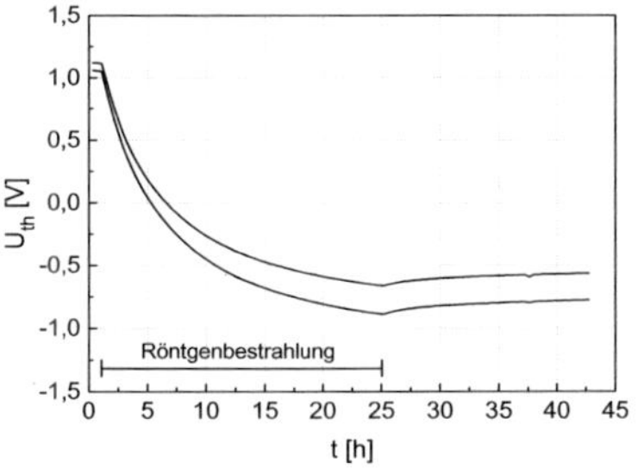

Bild 47: Zeitliche Verläufe der Schwellenspannung zweier kommerziell erhältlicher, planarer NMOS-Transistoren *SSM3K16FU* während der Röntgenbestrahlung mit 1 kGy/d

Bild 48 zeigt Transferkennlinien für $U_{DS} = 1\,V$ im unbestrahlten Ausgangszustand sowie nach etwa 8 h, 16 h beziehungsweise 24 h Bestrahlung. Auch für die PMOS-Transistoren von *Toshiba* kommt es zu einer deutlichen Kennlinienverschiebung während der Bestrahlung. Daher erfolgte die Bestimmung des Schwellenspannungsverlaufs durch lineare Anpassung bei $I_{D1} = -20\,mA$ und bei $I_{D2} = -40\,mA$. Daraus ergeben sich die in Bild 49 gezeigten, fast identischen zeitlichen Schwellenspannungsverläufe für die beiden PMOS-Transistoren von *Toshiba*. Im Wesentlichen steigt die Schwellenspannung kontinuierlich an, wobei die Veränderung zu Beginn der Bestrahlung deutlicher ausgeprägt ist. Nach dem Ende der Bestrahlung fällt die Schwellenspannung etwas ab, was durch eine teilweise Relaxation der Ionisationseffekte verursacht wird. Ein Vergleich zum Schwellenspannungsverlauf der PMOS-Transistoren des Testchips in Bild 34 verdeutlicht einen qualitativ ähnlichen Schwellenspannungsverlauf der PMOS-Transistoren von *Toshiba* unter dem Einfluss der Bestrahlung.

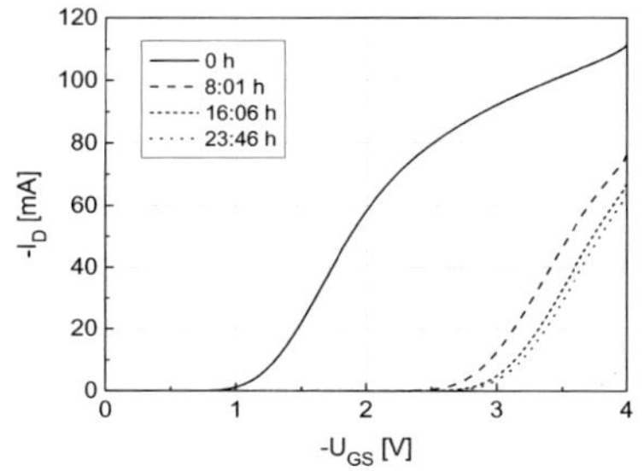

Bild 48: Transferkennlinien des kommerziell erhältlichen, planaren PMOS-Transistors *SSM3J16FS* für $U_{DS} = 1$ V nach unterschiedlichen Bestrahlungsdauern bei einer Strahlendosisleistung von 1 kGy/d

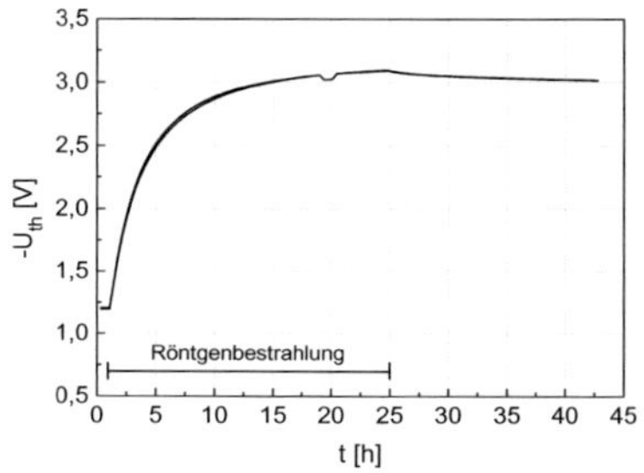

Bild 49: Zeitliche Verläufe der Schwellenspannung zweier kommerziell erhältlicher, planarer PMOS-Transistoren *SSM3J16FS* während der Röntgenbestrahlung mit 1 kGy/d

6.2 Zuverlässigkeit der Epoxidklebstoffe

Der Einfluss von Röntgenstrahlung auf elektronische Baugruppen beschränkt sich nicht auf die Beeinträchtigung elektrischer Komponenten, die aus Halbleiterstrukturen bestehen. Auch die für den Aufbau des Röntgendetektors genutzten Epoxidklebstoffe können durch die in Abschnitt 4.3 beschriebenen Degradationsmechanismen infolge Röntgenbestrahlung geschädigt werden. Der Funktionsverlust von Klebstoffschichten hinsichtlich elektrischer und thermischer Leitfähigkeit sowie die Änderung mechanischer Eigenschaften führt zu vorzeitigem Ausfall elektronischer Bauteile. Obwohl die im Abschnitt 5.3 genannten Maßnahmen zur Reduzierung der Strahlenbelastung bereits das Risiko eines Defekts des Detektormoduls vermindern, bedarf es Zuverlässigkeitsuntersuchungen an den verwendeten Klebstoffen.

Epoxidklebstoffe gelten aufgrund der folgenden Eigenschaften als Mittel erster Wahl in der Elektronikfertigung [81, 124, 125].

- ausgezeichnete Haftung auf verschiedensten Substraten als Folge der typischen Polarität der Epoxidharzmatrix
- hohe Festigkeit und Alterungsbeständigkeit der Klebung
- Härtung fast ohne Schwindung [126]
- Modifizierung der Eigenschaften durch Füllstoffe
- hohe Vernetzungsdichte, hohe Glasübergangstemperatur, hoher Schubmodul, sprödes Verhalten

Zwei verschiedene Klebstoffe der Firma *Epoxy Technology (Billerica, MA, USA)* dienten dem Verbinden von Fügepartnern beim Aufbau des Detektormoduls. Einerseits sichert der silbergefüllte[1] Klebstoff EPO-TEK® H20E [128] elektrische sowie thermische Leitfähigkeit zwischen Fügepartnern. Anderseits erlaubt der Klebstoff EPO-TEK® H70E [129] elektrisch isolierende aber thermisch leitfähige Verbindungen. Beide Klebstoffe zeichnen sich durch hohe Scherfestigkeit und niedrige thermische Ausdehnung aus. Sie können entsprechend der Herstellerangaben bei verschiedenen Temperaturen ausgehärtet werden. Während sich bei Verwendung temperaturempfindlicher Komponenten eine Aushärtung bei niedrigen Temperaturen (80 ... 100 °C für 3 respektive 2 h) anbietet, empfiehlt sich bei temperaturunempfindlichen Bauteilen eine Aushärtung bei deutlich höheren Temperaturen (150 ... 175 °C für 5 respektive 0,75 min). Eine höhere Aushärtetemperatur verursacht einen merklich reduzierten Schichtwiderstand und somit eine höhere elektrische Leitfähigkeit des Klebstoffs [81]. Sowohl die Detektormodule als auch die im Folgenden beschriebenen Testaufbauten zur Bewertung der Zuverlässigkeit der verwendeten Klebstoffe wurden bei 150 °C für 5 min ausgehärtet, so dass ein sehr niedriger Schichtwiderstand erreicht werden konnte.

Epoxy Technology gibt generell eine gute Strahlenresistenz beider Klebstoffe an. Allerdings empfehlen sich durch die hohen Anforderungen an den Röntgendetektor umfangreiche Untersuchungen beider Klebstoffe. Die Auswertung der Untersuchungen wird allerdings durch die Geheimhaltung der Klebstoffzusammensetzung seitens *Epoxy Technology* erschwert. Epoxidklebstoffe setzen sich im Allgemeinen aus Epoxidharz und Härter zusammen, wobei das Epoxidharz aus Polymeren mit Epoxidgruppen besteht [81]. Epoxidharz besteht häufig aus den theoretisch strahlenempfindlichen Komponenten Bisphenol A und Epichlorhydrin. Das Härten des Epoxidharzes realisieren allgemein Beimischungen, die Thiole oder Aminogruppen beinhalten. Gebräuchliche Härter sind Dicyandiamid oder Carbonsäureanhydrid [81].

Das Ziel der Untersuchung ist die Prüfung des Einflusses der Röntgenstrahlen, denen der Röntgendetektor in seiner angestrebten Lebensdauer von 10000 h ausgesetzt sein wird. Bei einer Strahlendosisleistung von 0,5 Gy/h für die geplante Anwendung des Zeilendetektors ergibt sich somit eine Strahlendosis von 5000 Gy, gegenüber welcher der Röntgendetektor resistent sein muss. Um eine vertrauenswürdige Aussage bezüglich der Strahlenresistenz beider Klebstoffe zu erhalten, wurde eine Versuchsreihe mit einer logarithmischen Dosisskalierung von 50 Gy, 150 Gy, 450 Gy, 1500 Gy, 4500 Gy umgesetzt.

Da die testweise Röntgenbestrahlung über einen Zeitraum von 10000 h jedoch nicht praktikabel ist, diente eine Bestrahlung mit höherenergetischer Gammastrahlung (661,7 keV)

1 Im Allgemeinen erzielt ein Silberanteil von 60 ... 80 wt% hervorragende elektrische und thermische Leitfähigkeit [81, 127].

applizierte Strahlendosis [Gy]	Bestrahlungsdauer [min]
50	6,25
150	18,62
450	55,87
1500	186,22
4500	558,63

Tabelle 8: Dauer der Gammabestrahlung der Klebstoffe EPO-TEK® H20E und EPO-TEK® H70E für verschiedene Strahlendosen

als beschleunigte Alterung der verwendeten Klebstoffe. Gammastrahlung verursacht wie Röntgen-, Neutronen-, Alpha- und Betastrahlung durch seine ionisierende Wirkung Degradationen im Klebstoff [130] (siehe Abschnitt 4.3). Gamma- und Röntgenstrahlung erzeugen bei gleicher Photonenenergie äquivalente Wechselwirkungen mit Materie. Höherenergetische Gammastrahlung kann für beschleunigte Klebstoffdegradationen verwendet werden, da der COMPTON-Effekt der vorherrschende Wechselwirkungsprozess von Materie für niedrige Ordnungszahlen in einem weiten Energiebereich ist (siehe Bild 8). Für eine mittlere Ordnungszahl $Z = 20$ für Epoxidklebstoffe [131] dominiert der COMPTON-Effekt beispielsweise für einen Bereich der Photonenenergie von etwa 90 keV bis 20 MeV.

Die Gammabestrahlung erfolgte bei *Gamma Service (Radeberg, Deutschland)* mit einer Caesiumquelle (^{137}Cs) gemäß *AAMI TIR33 / ISO 11137*. ^{137}Cs zerfällt zu 94,6 % zu metastabilem ^{137m}Ba und nur zu 5,4 % zu stabilem ^{137}Ba [132]. Das metastabile ^{137m}Ba geht in der Folge wegen seiner kurzen Halbwertszeit von 2,55 min unter Aussendung von Gammastrahlung (661,7 keV) rasch in stabiles ^{137}Ba über. Die Dosisleistung der von *Gamma Service* verwendeten Kleinbestrahlungsanlage *IBL 437C (CIS Bio International, Mairie de Bagnols-sur-Cèze, Frankreich)* betrug 0,499 kGy/h, so dass sich die in Tabelle 8 gezeigten Bestrahlungsdauern ergaben.

Für die Klebstoffcharakterisierung dienten zwölf FR4-Platinen *DURAVER-E-Cu quality 104* der Firma *Isola (Düren, Deutschland)*, welche jeweils 32 Si-Chips mit einer Grundfläche von 6 x 3 mm^2, einer Höhe von 600 µm und einer 1 µm dicken SiO_2-Passivierung auf deren Unterseite enthielten. Nach Reinigung der FR4-Platinen mit Isopropanol wurden jeweils 32 Si-Chips nebeneinander auf die Platinen geklebt, um als Proben für den Schertest zu dienen. Das Kleben der Si-Chips erfolgte für sechs Platinen mit dem elektrisch leitfähigen Klebstoff EPO-TEK® H20E und für sechs weiteren Platinen mit dem elektrisch isolierenden Klebstoff EPO-TEK® H70E. Automatisches Dispensen beider Klebstoffe mittels des *Martin Dot-Liner-06 (Weßling, Deutschland)* stellte identische Klebstoffvolumina für alle Klebstoffpads sicher. Erzielt wurde eine Klebefläche von 5 x 2 mm^2 sowie eine Klebstoffhöhe von 30 µm für beide Klebstoffe. Nachfolgend wurden die Si-Chips mit einem definierten Anpressdruck manuell aufgeklebt. Reproduzierbare Bondparameter wie Klebstoffvolumina und Anpressdruck sind Voraussetzung, um verlässliche Schertestergebnisse zu erhalten. Bild 50 zeigt exemplarisch zwei der zwölf Platinen zur Charakterisierung der Epoxidklebstoffe. Auf der oberen Platine wurden 32 Si-Chips mit dem elektrisch leitfähigen Klebstoff EPO-TEK® H20E aufgeklebt. Bei der unteren Platine erfolgte das Aufkleben der 32 Si-Chips mit dem elektrisch isolierenden Klebstoff EPO-TEK® H70E. Außerdem befinden sich auf allen Platinen drei weitere Klebstoffdepots des jeweils für das Aufkleben genutzten Klebstoffs zur Durchführung von FTIR-Spektroskopie und Leitfähigkeitsmessungen.

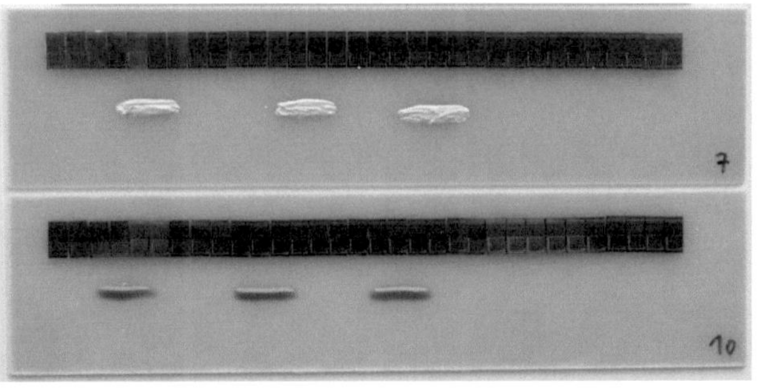

Bild 50: Zwei der zwölf Platinen zur Charakterisierung der Epoxidklebstoffe mit jeweils 32 aufgeklebten Si-Chips für Schertests sowie jeweils drei Klebstoffdepots des für das Aufkleben genutzten Klebstoffs für FTIR-Spektroskopie und Leitfähigkeitsmessungen; obere Platine mit elektrisch leitfähigem Klebstoff EPO-TEK® H20E; untere Platine mit elektrisch isolierendem EPO-TEK® H70E)

6.2.1 Schertest

Die Schertests wurden mittels eines *Nordson Dage 4000 Multipurpose Bondtester (Westlake, OH, USA)* durchgeführt. Die Schertests erfolgten normgerecht nach MIL-STD-883G, METHOD 2019.7 (*Die shear strength*) [82]. Die Scherkraft wurde für die in Tabelle 9 aufgelisteten Parameter durch eine für 0 ... 1000 N ausgelegte Kraftmessdose gemessen. Es wurden für alle 12 vorbereiteten FR4-Platinen jeweils 32 Si-Chips abgeschert, so dass Scherkräfte für insgesamt 384 Si-Chips ausgewertet werden konnten.

Es konnten verschiedene Bruchbilder für die beiden verwendeten Klebstoffe EPO-TEK® H20E und EPO-TEK® H70E beobachtet werden. Bild 51 zeigt einen Ausschnitt einer FR4-Platine, auf der der elektrisch leitfähige Klebstoff EPO-TEK® H20E verarbeitet wurde. Die auf der Platine vorhandenen Klebstoffpads lassen sowohl auf Kohäsionsbrüche im Klebstoff als auch auf Adhäsionsbrüche zwischen Si-Chip und Klebstoff respektive zwischen Klebstoff

Parameter	Wert
Aufsetzgeschwindigkeit des Meißels	300 µm/s
Geschwindigkeit des Meißels	300 µm/s
Scherhöhe	300 µm

Tabelle 9: Parameter des Schertests

und FR4-Platine schließen. Bild 52 zeigt dagegen einen Ausschnitt einer FR4-Platine, auf der das Aufkleben mit dem elektrisch isolierenden Klebstoff EPO-TEK® H70E erfolgte. Es befinden sich kaum Klebstoffspuren auf der FR4-Platine, so dass im Wesentlichen ein Adhäsionsbruch zwischen Klebstoff und Trägerplatine vorliegt. Da sich nahezu alle Bruchbilder für die 12 Platinen entsprechend des verwendeten Klebstoffs in die beiden genannten Kategorien einteilen lassen, muss keine weitere Unterteilung nach verschiedenen Bruchbildern für ein und denselben Klebstoff vorgenommen werden.

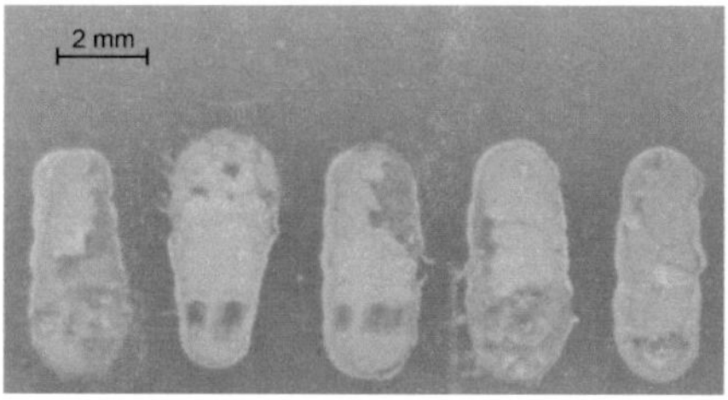

Bild 51: Bruchbilder des Klebstoffs EPO-TEK® H20E mit Kohäsionsbrüchen im Klebstoff und Adhäsionsbrüchen an beiden Grenzflächen des Klebstoffs

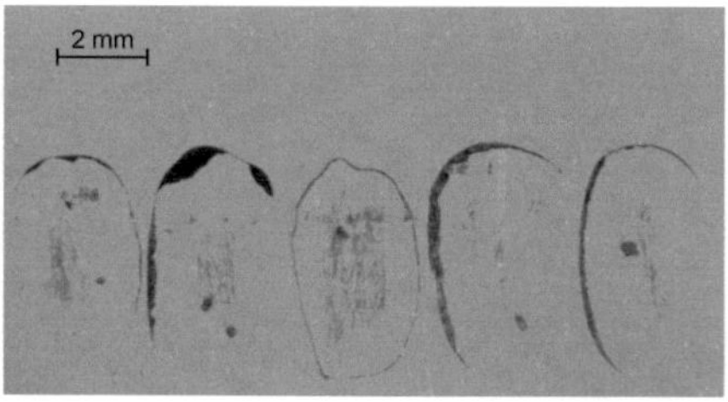

Bild 52: Bruchbilder des Klebstoffs EPO-TEK® H70E mit überwiegenden Adhäsionsbrüchen zwischen Klebstoff und FR4-Platine

Die Bilder 53 und 54 zeigen die mittleren gemessenen Scherkräfte für die beiden Klebstoffe EPO-TEK® H20E und EPO-TEK® H70E in Abhängigkeit der applizierten Strahlendosis. Für beide Klebstoffe schwanken die Messwerte innerhalb der Standardabweichungen bei den einzelnen Strahlendosen, so dass keine Effekte durch die Bestrahlung nachgewiesen werden können. Bild 53 verdeutlicht ein Schwanken der mittleren Scherkräfte nach Bestrahlung in Abhängigkeit der Strahlendosis für den Klebstoff EPO-TEK® H20E zwischen 314 ... 426 N um die mittlere Scherkraft der unbestrahlten Referenzproben von 384 N. Die relative Änderung beträgt maximal -18 % respektive +11 %. Weiterhin schwanken die Standardabweichungen der mittleren Scherkräfte zwischen 48 ... 123 N, was 13 ... 32 % der mittleren Scherkraft entspricht. Bild 54 zeigt ein ähnliches Verhalten für den Klebstoff EPO-TEK® H70E, jedoch mit geringeren Schwankungen. Ausgehend von einer mittleren

Scherkraft von 423 N für die unbestrahlten Referenzproben schwanken die Werte zwischen 372 ... 437 N (-12 % respektive +3 % relative Änderung) bei einer Standardabweichung zwischen 74 ... 150 N (17 ... 35 % der mittleren Scherkraft von den unbestrahlten Referenzproben).

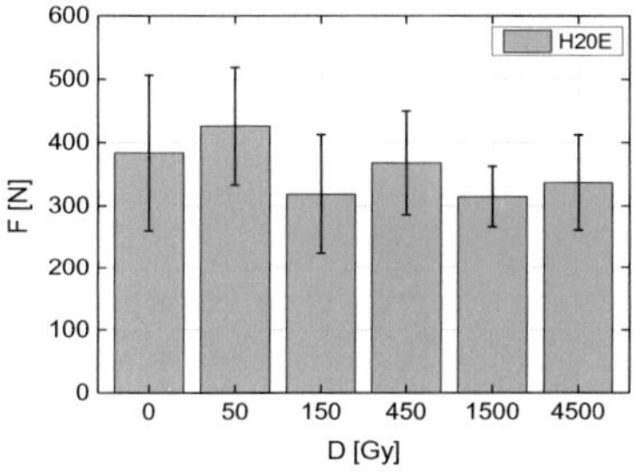

Bild 53: Scherkraft F für den Klebstoff EPO-TEK® H20E in Abhängigkeit der applizierten Strahlendosis D

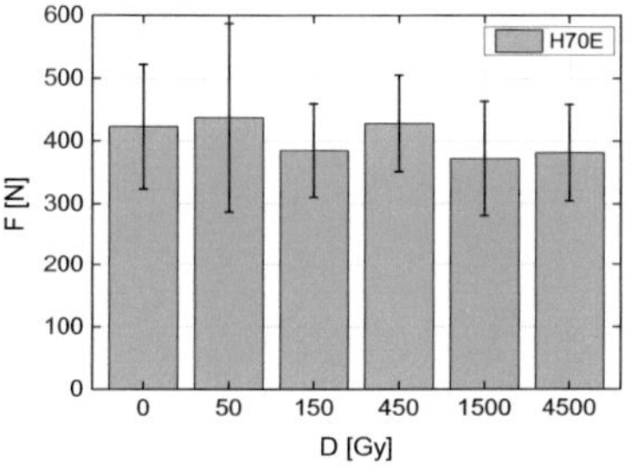

Bild 54: Scherkraft F für den Klebstoff EPO-TEK® H70E in Abhängigkeit der applizierten Strahlendosis D

Die gemessenen mittleren Scherkräfte betragen für beide Klebstoffe rund 400 N. Bei einer Klebstofffläche von 5 x 2 mm^2 ergibt sich mittels Formel 19 eine entsprechende Scherspannung von 40 MPa. Laut den Datenblättern der Klebstoffe gelten Scherfestigkeiten von 10,17 MPa (EPO-TEK® H20E) respektive 7,38 MPa (EPO-TEK® H70E). Damit sind die gemessenen Werte etwa um Faktor 3,9 respektive Faktor 5,4 größer und somit die Herstellerangaben übererfüllt.

Weiterhin lässt sich die erforderliche Scherkraft berechnen, um den Si-Chip unter idealen Bedingungen zu zerstören, ohne dass die Klebeverbindung nachgibt. Das Schermodul für Silizium beträgt $\tau_{Si} = 52$ GPa [133]. Demnach ergeben sich bei einer Chipfläche von 6 x 3 mm^2 mittels Formel 19 für die erforderliche Scherkraft 936 kN. Diese hohen Scherkräfte können allerdings nicht erreicht werden, da bereits bei 400 N die Klebstoffverbindung nachgibt.

Zusammenfassend kann gesagt werden, dass durch die Schertests keine Veränderungen der Klebstoffe infolge der Bestrahlung nachgewiesen werden konnten. Die bestimmten mittleren Scherkräfte sind unabhängig von der applizierten Strahlendosis, da deren strahleninduzierte Schwankungen geringer als die Standardabweichungen bei den einzelnen Strahlendosen sind.

6.2.2 Rasterelektronenmikroskopie und energiedispersive Röntgenspektroskopie

Anschließend wurden REM- und EDX-Analysen an den abgescherten Klebstoffproben durchgeführt, um den Einfluss der Bestrahlung auf die Klebstoffe EPO-TEK® H20E und EPO-TEK® H70E zu ermitteln. Beide Messungen wurden in einem System aus einem Rasterelektronenmikroskop *Zeiss NVision 40 (Oberkochen, Deutschland)* und einem EDX-Detektor *Bruker Quantax (Billerica, MA, USA)* umgesetzt. Während REM-Analysen eine generelle Aussage zur Oberflächenbeschaffenheit und qualitativen Materialzusammensetzung der Klebstoffproben nach der Scherung liefern, ermöglichen EDX-Analysen die Ermittlung qualitativer und quantitativer Materialzusammensetzungen, die sich beispielsweise durch Ausgasungen ändern könnten. Für die REM-Untersuchungen wurde ein Sekundärelektronendetektor (*SESI*) verwendet. Dieser ermöglicht einen Topografiekontrast der Probenoberfläche. Dabei sorgt die geringe Energie der Sekundärelektronen dafür, dass nur aus den obersten Nanometern der Probe Informationen gewonnen werden können.

REM- und EDX-Analysen konnten jedoch nur für den elektrisch leitfähigen Klebstoff EPO-TEK® H20E umgesetzt werden. Das durch die Schertests bedingte vollständige Abplatzen des elektrisch isolierenden Klebstoffs EPO-TEK® H70E infolge des Adhäsionsbruchs verhinderte die Durchführung von REM- und EDX-Analysen für diesen Klebstoff. Untersucht wurden somit unbestrahlte Proben sowie mit 1500 Gy respektive 4500 Gy bestrahlte Proben des Klebstoffs EPO-TEK® H20E. Für jede der drei Strahlendosen wurden jeweils zwei Klebstoffpads untersucht. Die folgenden Bilder zeigen Topografieaufnahmen der sechs untersuchten Klebstoffpads (0 Gy: Bilder 55 und 56, 1500 Gy: Bilder 57 und 58, 4500 Gy: Bilder 59 und 60). Messflecke für EDX-Analysen, die visuelle Auffälligkeiten zeigen, sind in den Bildern 55 bis 60 markiert und nummeriert.

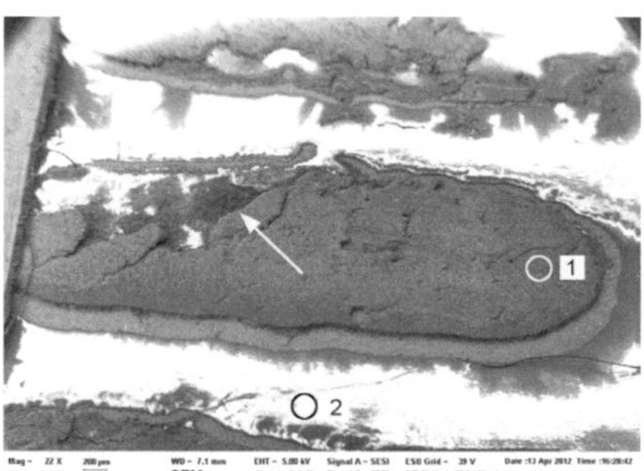

Bild 55: REM-Bild EPO-TEK® H20E, #1, 0 Gy, mit Messpunkten für EDX

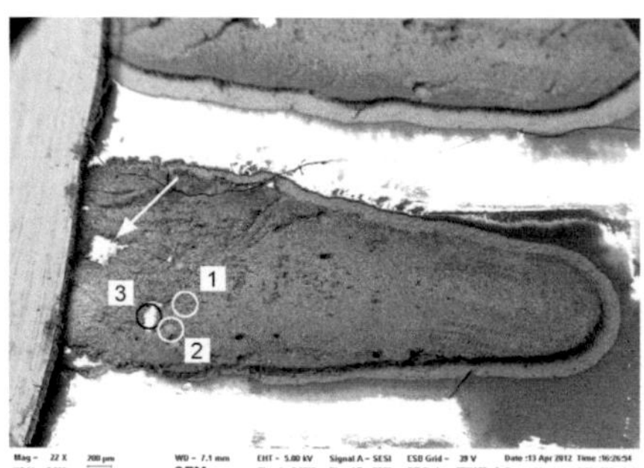

Bild 56: REM-Bild EPO-TEK® H20E, #2, 0 Gy, mit Messpunkten für EDX

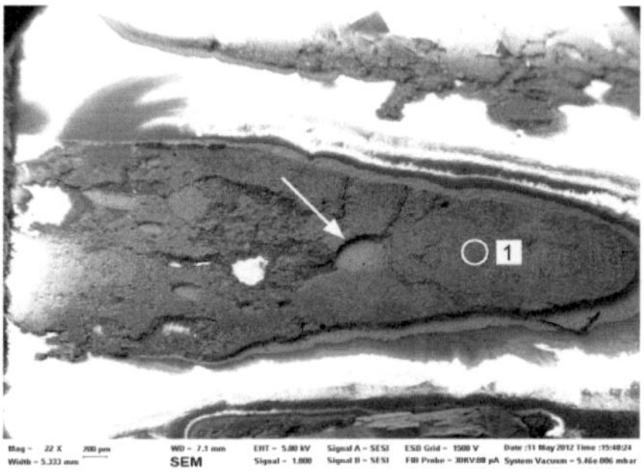

Bild 57: REM-Bild EPO-TEK® H20E, #3, 1500 Gy, mit Messpunkt für EDX

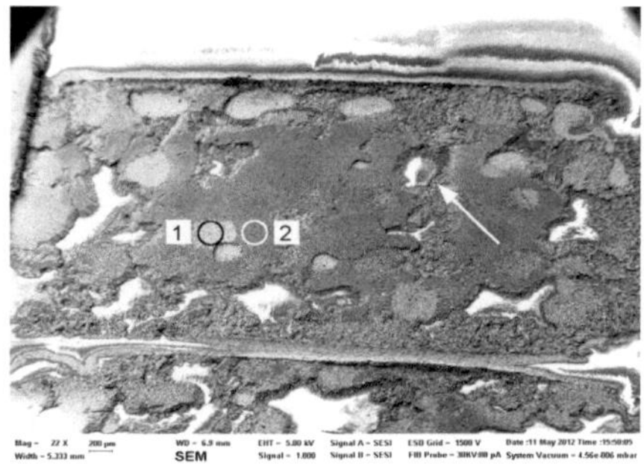

Bild 58: REM-Bild EPO-TEK® H20E, #4, 1500 Gy, mit Messpunkten für EDX

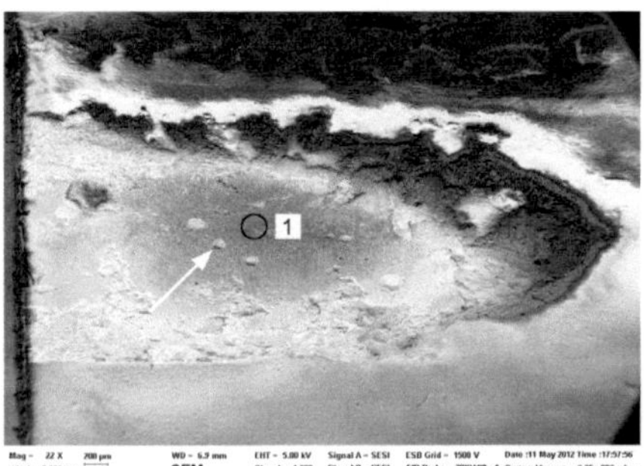

Bild 59: REM-Bild EPO-TEK® H20E, #5, 4500 Gy, mit Messpunkt für EDX

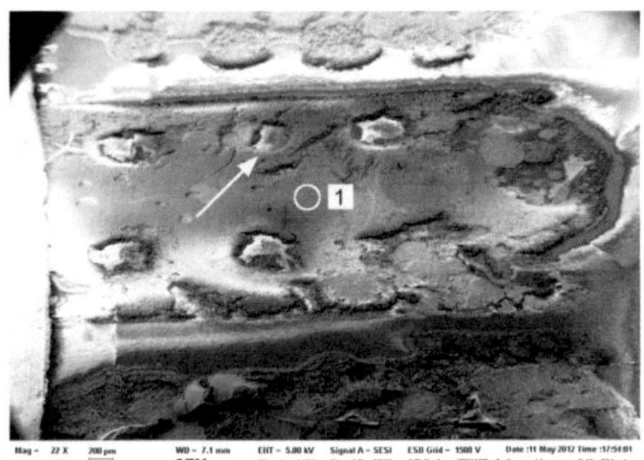

Bild 60: REM-Bild EPO-TEK® H20E, #6, 4500 Gy, mit Messpunkt für EDX

Für die Bewertung der REM-Bilder wird angenommen, dass keine beziehungsweise kaum Lufteinschlüsse im Klebstoff nach dem Fügen von Substrat und Si-Chip vorhanden waren und dass eine Bestrahlung mögliche Ausbrüche des geschädigten Klebstoffs durch den Schervorgang begünstigt. Die Bilder 55 bis 60 offenbaren beachtliche Klebstoffausbrüche mit einem Flächenanteil von maximal 20 %, welche durch den Schertest verursacht und durch Poren im Klebstoff möglicherweise begünstigt wurden. Die weißen Pfeile in den Bildern 55 bis 60 zeigen auf ausgebrochene Stellen im Klebstoff. Jedoch kann kein wachsender Anteil des ausgebrochenen Klebstoffs mit zunehmender Strahlendosis festgestellt werden. Gerade Bild 59 verdeutlicht einen möglichen niedrigen Anteil der Klebstoffausbrüche auch für hohe Strahlendosen. Der relativ starke Unterschied des Anteils der Klebstoffausbrüche zwischen verschiedenen Klebstoffpads kann jedoch nicht erklärt werden. Möglicherweise

Element	Kα [keV]	Kβ [keV]	Lα [keV]	Lβ [keV]	Quelle
C	0,284				FR4 (Epoxidharz, Glasfaser), Klebstoff
O	0,537				FR4 (Epoxidharz, Glasfaser), Klebstoff
Mg	1,254	1,297			FR4 (Glasfaser: MgO)
Al	1,487	1,553			FR4 (Glasfaser: Al_2O_3)
Br			1,480	1,526	FR4 (Epoxidharz)
Si	1,740	1,832			FR4 (Glasfaser: SiO_2)
S	2,308	2,464			Klebstoff: Thiol
Cl	2,622	2,815			FR4 (Epoxidharz)
Ag			2,984	3,151	Klebstoff
K	3,313	3,589			FR4 (Glasfaser: K_2O)
Si	3,480				FR4 (Glasfaser: SiO_2), Pile-up
Ca	3,691	4,012			FR4 (Glasfaser: CaO)

Tabelle 10: Auswertung der EDX-Spektren des elektrisch leitfähigen Klebstoffs EPO-TEK® H20E für unbestrahlte Klebstoffpads (0 Gy) und bestrahlte Klebstoffpads (1500 Gy und 4500 Gy) [138]

wird dieser durch Herstellungsschwankungen verursacht.

Die EDX-Analysen bestimmen die Materialzusammensetzung des elektrisch leitfähigen Klebstoffs EPO-TEK® H20E sowie der aus FR4 bestehenden Trägerplatine. Tabelle 10 zeigt nachgewiesene Photonenenergien sowie zugeordnete Elemente. Kohlenstoff und Sauerstoff stellen sowohl Bestandteile der FR4-Platine als auch des Klebstoffs dar, womit mögliche Änderungen infolge der Bestrahlung nicht zweifelsfrei dem zu untersuchenden Klebstoff zugeordnet werden konnten. Dem Klebstoff EPO-TEK® H20E können die Elemente Ag und S zugeordnet werden. Während Silber mit 60 ... 80 wt% der Hauptbestandteil des Klebstoffs ist und zur Erzeugung der elektrischen Leitfähigkeit dient, rührt Schwefel aus den Thiolen im Härter des Klebstoffs. Die in Tabelle 10 aufgelisteten Oxide der Elemente Mg, Al, Si, K und Ca sind Bestandteile des in Epoxidharz getränkten Glasfasergewebes der FR4-Platine [134–136]. Außerdem können die Elemente Br und Cl als Hauptbestandteile des Epoxidharzes der FR4-Platine zugeordnet werden [137]. Der Peak bei der Photonenenergie $E_{Ph} = 3{,}48\,keV$ entsteht durch aufgestockte Impulse, die durch das Siliziumoxid der FR4-Platine verursacht werden[2].

Die Bilder 61 bis 64 zeigen markante EDX-Spektren, deren Untergrund zur besseren Vergleichbarkeit korrigiert ist. Bild 61 zeigt den Vergleich des EDX-Spektrums des unbestrahlten Klebstoffs EPO-TEK® H20E mit den EDX-Spektren der mit 1500 Gy respektive

2 Diese durch Pile-up-Effekte entstehenden Peaks resultieren aus der Detektion zweier Röntgenquanten innerhalb eines so kurzen Zeitabstands, dass sie die Signalverarbeitung nicht unterscheiden kann.

4500 Gy bestrahlten Klebstoffpads. Die EDX-Messungen erfolgten an jeweils unbeschädigten Bereichen des Klebstoffs (siehe Bild 55: Messpunkt 1, Bild 57: Messpunkt 1, Bild 59: Messpunkt 1). Die Spektren zeigen keine signifikanten Unterschiede infolge der Gammabestrahlung. Daraus kann auf eine kaum vorhandene Veränderung der qualitativen und quantitativen Klebstoffzusammensetzung trotz applizierter Strahlendosen von maximal 4500 Gy geschlossen werden. Somit lassen sich keine Veränderungen im Klebstoff EPO-TEK® H20E infolge der Bestrahlung nachweisen.

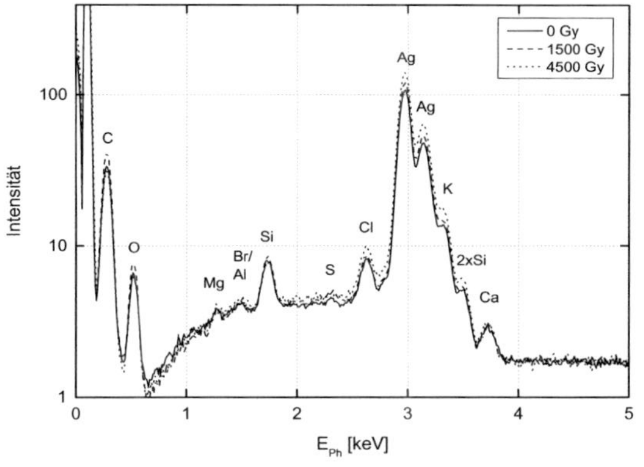

Bild 61: EDX-Spektren des mit unterschiedlichen Strahlendosen bestrahlten Klebstoffs EPO-TEK® H20E (0 Gy: Bild 55 - Messpunkt 1, 1500 Gy: Bild 57 - Messpunkt 1, 4500 Gy: Bild 59 - Messpunkt 1)

Bild 62 zeigt den Vergleich von EDX-Messungen auf einer optisch unveränderten Oberfläche des unbestrahlten Klebstoffs und auf der Oberfläche der FR4-Platine (siehe Bild 55: Messpunkte 1 und 2), um in der Folge Klebstoffausbrüche interpretieren zu können. Die Unterschiede zwischen beiden Spektren sind offensichtlich, da die Intensität für die EDX-Messung auf der Platinenoberfläche meist niedriger ist. Lediglich der Br-Peak (Epoxidharz aus FR4) ist sehr stark ausgeprägt. Neben den Mg- und Si-Peaks (beide Glasfaser aus FR4) ist nur noch ein schwacher Ag-Peak für die EDX-Messung auf der Platinenoberfläche nachweisbar.

In Bild 63 sind EDX-Spektren dreier Messpunkte des unbestrahlten Klebstoffs dargestellt (siehe Bild 56: Messpunkte 1 bis 3). Das REM-Bild suggeriert neben einer unbeschädigten Klebstoffoberfläche (Messpunkt 1) die Existenz von teilweisen und vollständigen Ausbrüchen des Klebstoffs (Messpunkte 2 und 3). Dies bestätigen die zugehörigen EDX-Spektren. Während es zwischen unbeschädigter Klebstoffoberfläche und teilweisem Ausbruch keinen markanten Unterschied gibt, fallen für den vollständigen Ausbruch des

Klebstoffs signifikante Unterschiede hinsichtlich der Materialzusammensetzung auf. Ähnlich zur EDX-Messung auf der Oberfläche der FR4-Platine in Bild 62 weist das EDX-Spektrum des vollständig ausgebrochenen Klebstoffs über einen weiten Bereich weniger Intensität auf. Dagegen deuten erhöhte Mg-, Br-, Al-, Si- und Ca-Peaks auf eine Messung auf der Platinenoberfläche hin.

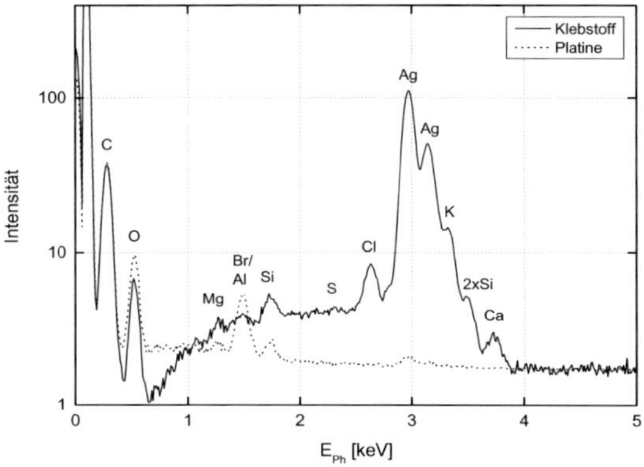

Bild 62: EDX-Spektren des unbestrahlten Klebstoffs EPO-TEK® H20E und der FR4-Platine (Bild 55 - Messpunkte 1 und 2)

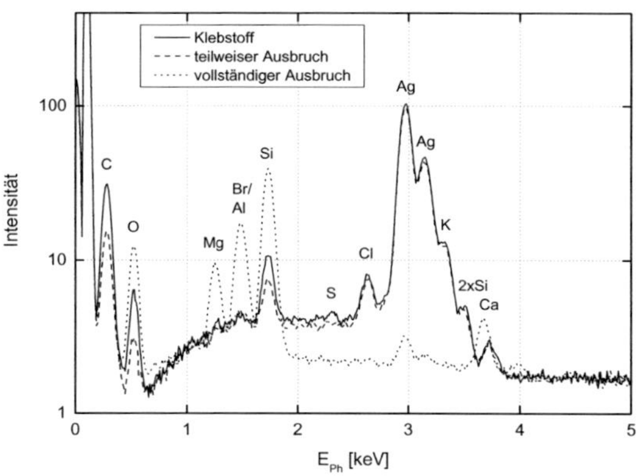

Bild 63: EDX-Spektren des unbestrahlten Klebstoffs EPO-TEK® H20E mit unterschiedlich ausgeprägten Ausbrüchen (Bild 56 - Messpunkte 1 bis 3)

Die REM-Bilder der Klebstoffpads (Bilder 55 bis 60) zeigen lokal hellere und dunklere Bereiche der Klebstoffoberfläche. Einen Vergleich beider Bereiche zeigt Bild 64 (siehe

Bild 58: Messpunkte 1 und 2). Zwar sind geringe Unterschiede zwischen den zugehörigen EDX-Spektren nachweisbar, jedoch sind die Unterschiede nicht konsistent. Für den dunkleren Klebstoffbereich stehen im Vergleich zum helleren Klebstoffbereich höhere Br-, Al- und Si-Peaks niedrigeren Cl- und K-Peaks gegenüber. Entsprechend kann keine Aussage bezüglich der schlechteren Eigenschaften von helleren oder dunkleren Bereichen getroffen werden.

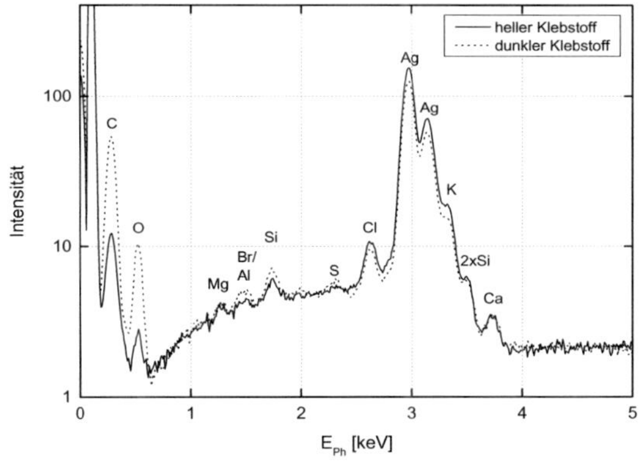

Bild 64: EDX-Spektren von hellen und dunklen Bereichen des mit 1500 Gy bestrahlten Klebstoffs EPO-TEK® H20E (Bild 58 - Messpunkte 1 und 2)

Zusammenfassend kann gesagt werden, dass die REM-Analysen zwar keine idealen Oberflächen des Klebstoffs EPO-TEK® H20E nachweisen. Es treten mehr oder weniger große Ausbrüche des Klebstoffs für alle Strahlendosen auf. Allerdings kann keine durchgängige Verschlechterung der Klebstoffoberfläche mit zunehmender Strahlendosis verzeichnet werden. Außerdem weisen EDX-Analysen für verschiedene Strahlendosen qualitativ die gleiche Zusammensetzung sowie quantitativ eine sehr ähnliche Zusammensetzung des intakten Klebstoffs auf.

6.2.3 Fourier-Transformations-Infrarot-Spektroskopie

Zur Bestimmung des Einflusses von Röntgenstrahlung auf die beiden Epoxidklebstoffe EPO-TEK® H20E und EPO-TEK® H70E wurden zusätzlich Messungen mittels FTIR-Spektroskopie durchgeführt. Die Klebstoffzusammensetzung wurde mit einem *Bruker Alpha FTIR (Billerica, MA, USA)* bestimmt, welches auf dem Prinzip der ATR-Infrarotspektroskopie (Abgeschwächte Totalreflektion) beruht und Messungen im MIR-Bereich (Mittleres Infrarot, $\tilde{\nu} = 400 \ldots 4000\,\mathrm{cm}^{-1}$) umsetzt. Diese Messungen konnten jedoch nur für den elektrisch isolierenden Klebstoff EPO-TEK® H70E umgesetzt werden. Der Silberanteil von 60 ... 80 wt% des elektrisch leitfähigen Klebstoffs EPO-TEK® H20E verhindert eine FTIR-Spektroskopie, da die IR-Strahlung nicht in die Probe eintreten kann. Fünf unterschiedliche Klebstoffdepots wurden mit fünf verschiedenen Strahlendosen (50 Gy, 150 Gy, 450 Gy, 1500 Gy, 4500 Gy) bestrahlt. Als Referenzprobe diente ein unbestrahltes Klebstoffdepot. Nach der Gammabestrahlung zur beschleunigten Alterung wurden die in Bild 50 gezeigten, blanken Depots des elektrisch isolierenden Klebstoffs EPO-TEK® H70E vom FR4-Substrat abgetragen und mithilfe des FTIR-Spektrometers analysiert.

Die Messung der FTIR-Spektren erfolgte für Wellenzahlen $\tilde{\nu} = 400 \dots 4000\,\mathrm{cm}^{-1}$, wobei die Absorbanzspektren entsprechend Formel 20 berechnet wurden. Jede Messung bestand aus der Mittelung von 96 Einzelmessungen. Im Anschluss wurden die erhaltenen Spektren für bessere Vergleichbarkeit durch zwei Maßnahmen modifiziert. Zunächst wurde eine Basislinienkorrektur durchgeführt, indem die Absorbanz für eine willkürliche Wellenzahl, bei der keine Banden vorliegen, gleich Null gesetzt wurde. Weiterhin bedingen große Korngrößen respektive die damit verbundene niedrige und variable Packungsdichte, dass sich für verschiedene Proben unterschiedlich viel Material im Strahl befindet. Daraus entsteht die Notwendigkeit einer Massennormierung der Absorbanzspektren. Diese Spektrennormierung wurde für die antisymmetrische Valenzschwingung der unveränderlichen CH_2-Bande ($\tilde{\nu} = 2924\,\mathrm{cm}^{-1}$) vorgenommen. Die Zuordnung der vorhandenen Banden zu den verursachenden Komponenten der Proben erfolgte mithilfe von Datenbanken [90, 139–142].

Bild 65 zeigt die Absorbanzspektren des Klebstoffs EPO-TEK® H70E für verschiedene applizierte Strahlendosen im Vergleich zum unbestrahlten Referenzklebstoff. Aus dem gemessenen Wellenzahlbereich ($\tilde{\nu} = 400 \dots 4000\,\mathrm{cm}^{-1}$) ist lediglich der Fingerprintbereich dargestellt ($\tilde{\nu} = 1000 \dots 1600\,\mathrm{cm}^{-1}$). Für Wellenzahlen im Bereich $\tilde{\nu} = 1600 \dots 4000\,\mathrm{cm}^{-1}$ verlaufen die gemessenen Absorbanzspektren im Wesentlichen deckungsgleich. Der Bereich kleinerer Wellenzahlen ($\tilde{\nu} = 400 \dots 1000\,\mathrm{cm}^{-1}$) ist ebenfalls nicht dargestellt, da in diesem Bereich die Bewertung des Untergrunds nicht möglich ist. Weiterhin erschwert dort die typischerweise sehr große Anzahl von Schwingungsbanden eine Zuordnung schwacher bis mittelstarker Banden [90]. Generell können lediglich die intensivsten Banden als Kennzeichen für die Materialzusammensetzung dienen [91].

Die Absorbanzspektren des Klebstoffs EPO-TEK® H70E in Bild 65 zeigen acht markante Banden bei den Wellenzahlen $1507\,\mathrm{cm}^{-1}$, $1493\,\mathrm{cm}^{-1}$, $1452\,\mathrm{cm}^{-1}$, $1297\,\mathrm{cm}^{-1}$, $1236\,\mathrm{cm}^{-1}$, $1177\,\mathrm{cm}^{-1}$, $1108\,\mathrm{cm}^{-1}$ und $1015\,\mathrm{cm}^{-1}$. Tabelle 11 enthält die Zuordnung der Banden zu den Bestandteilen des Klebstoffs EPO-TEK® H70E. So äußern sich sowohl die Bestandteile des Epoxidharzes (Bisphenol A, Epichlorhydrin) als auch die Komponenten des Härters (Thiole, Aminogruppen, Dicyandiamid) in Form erhöhter Absorbanz bei den entsprechenden Wellenzahlen. Alle acht Banden weisen eine variable Höhe in Abhängigkeit der applizierten Strahlendosis auf. Allerdings kann für keine Bande eine kontinuierliche Ab- oder Zunahme für eine wachsende Strahlendosis festgestellt werden. Vielmehr schwanken die Bandenhöhen scheinbar unabhängig von der applizierten Strahlendosis. Daraus lässt sich auf eine nicht konstante Zusammensetzung des elektrisch isolierenden Klebstoffs EPO-TEK® H70E schließen. Allerdings hat die Bestrahlung offensichtlich keinen Einfluss auf die Zusammensetzung des Klebstoffs. Zusammenfassend kann gesagt werden, dass mittels FTIR-Spektroskopie keine strahlungsbedingten Veränderungen des elektrisch isolierenden Klebstoffs EPO-TEK® H70E nachgewiesen werden können.

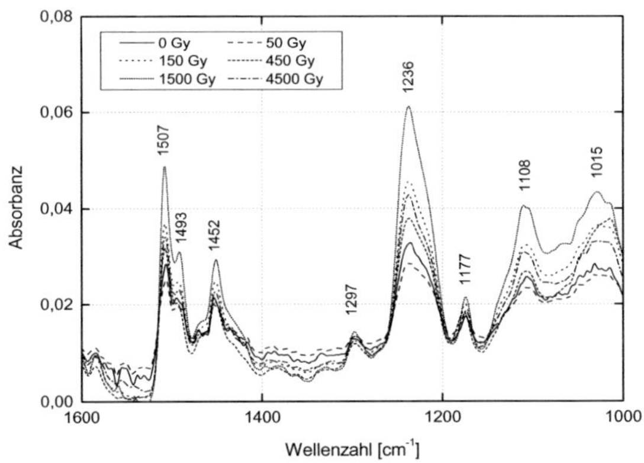

Bild 65: FTIR-Spektren des Klebstoffs EPO-TEK® H70E von unbestrahltem Klebstoffpad (0 Gy) und bestrahlten Klebstoffpads (50 Gy, 150 Gy, 450 Gy, 1500 Gy, 4500 Gy) nach Basislinienkorrektur und Spektrennormierung auf die antisymmetrische Valenzschwingung der unveränderlichen CH_2-Bande

6.2.4 Leitfähigkeitsmessung

Zusätzlich wurden Leitfähigkeitsmessungen an dem elektrisch leitfähigen Klebstoff EPO-TEK® H20E durchgeführt. Dafür diente das Digitalmultimeter *M-4660A* der Firma *Voltcraft (Hirschau, Deutschland)*, welches den durch die integrierte Konstantstromquelle verursachten Spannungsabfall über der Teststruktur bestimmte. Die Messung des Widerstands erfolgte durch Kontaktierung mittels zweier Messspitzen, die im Abstand von 8 mm auf die zusätzlichen Klebstoffdepots (siehe Bild 50) gesetzt wurden. Durch das händische Auftragen des Klebstoffs EPO-TEK® H20E für die drei zusätzlichen Klebstoffdepots konnte jedoch keine 100 %ig identische Querschnittsfläche generiert werden. Die gemessenen elektrischen Widerstände verstehen sich somit nicht als exakt vergleichbare Werte, würden jedoch signifikante Leitfähigkeitsänderungen infolge der Röntgenbestrahlung of-

Wellenzahl [cm^{-1}]	Bisphenol A	Epichlor-hydrin	Thiole	Amino-gruppen	Dicyan-diamid
1507	X			X	X
1493				X	
1452	X	X			
1297	X	X		X	
1236	X		X	X	
1177	X			X	
1108	X		X	X	
1015	X		X		

Tabelle 11: Auswertung der FTIR-Spektren des elektrisch isolierenden Klebstoffs EPO-TEK® H70E für ein unbestrahltes Klebstoffpad (0 Gy) und bestrahlte Klebstoffpads (50 Gy, 150 Gy, 450 Gy, 1500 Gy, 4500 Gy) [90, 139–142]

fenbaren.

Der elektrische Widerstand des elektrisch leitfähigen Klebstoffs EPO-TEK® H20E wurde für jede applizierte Strahlendosis (50 Gy, 150 Gy, 450 Gy, 1500 Gy, 4500 Gy) an jeweils drei Klebstoffdepots gemessen. Bild 66 zeigt den Mittelwert sowie die Standardabweichung der gemessenen elektrischen Widerstände für je drei Klebstoffdepots pro Strahlendosis. Der nahezu konstante Verlauf des elektrischen Widerstands in Abhängigkeit der applizierten Strahlendosis ist offensichtlich. Daraus lässt sich auf eine praktische Konstanz der elektrischen Leitfähigkeit des Klebstoffs EPO-TEK® H20E schließen. Möglicherweise auftretende Veränderungen im elektrisch leitfähigen Klebstoff äußern sich somit nicht signifikant in der elektrischen Leitfähigkeit.

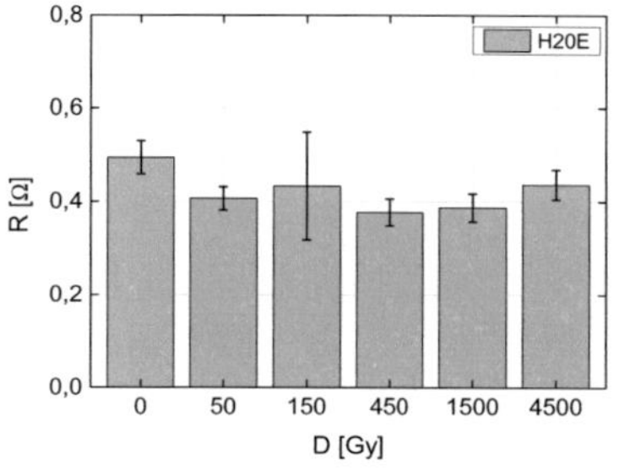

Bild 66: Elektrischer Widerstand R des elektrisch leitfähigen Klebstoffs EPO-TEK® H20E in Abhängigkeit der Strahlendosis D für unbestrahlte Klebstoffdepots (0 Gy) und bestrahlte Klebstoffdepots (50 Gy, 150 Gy, 450 Gy, 1500 Gy, 4500 Gy)

Ein mittlerer elektrischer Widerstand von 0,42 Ω für alle 18 vermessenen Klebstoffdepots führt mittels Formel 29 für eine Länge des Klebstoffdepots $l = 8$ mm und für eine Querschnittsfläche des Klebstoffdepots $A = 0{,}1 \times 3\,mm^2$ (Höhe x Breite) zu einem spezifischen elektrischen Widerstand $\rho_{sp} = 1{,}575 \cdot 10^{-3}\,\Omega cm$.

$$R = \rho_{sp} \frac{l}{A} \tag{29}$$

Dieser Wert beträgt zwar fast das Vierfache im Vergleich zum vom Hersteller im Datenblatt angegebenen spezifischen elektrischen Widerstand ($4 \cdot 10^{-4}\,\Omega cm$ [128]), liegt aber aufgrund der mit Unsicherheiten behafteten Messmethode im akzeptablen Bereich. Weiterhin liegt der Istwert des elektrischen Widerstands innerhalb des empfohlenen Bereichs für isotrop leitende Klebstoffe ($1{,}25 \ldots 100 \cdot 10^{-3}\,\Omega cm$ [81]).

7 Anwendung des Zeilendetektors als spektroskopisches Dosimeter

Die Eigenschaften der von einer Röntgenröhre emittierten Röntgenstrahlung hängen von ihrer spektralen Zusammensetzung ab. Veröffentlichte oder berechnete Emissionsspektren von Röntgenröhren entsprechen oft nicht dem tatsächlichen Spektrum, da jede Röntgenröhre unterschiedliche Bremsspektren erzeugt. Parameter bei der Erzeugung von Bremsspektren stellen der Verlauf der Hochspannung, die Eigenabsorption des Targets, der Neigungswinkel des Targets sowie der Einbrand des Targets dar. Zusätzlich kann der Einfluss von Filtern und Kollimatoren nur begrenzt berechnet werden. Für die Ermittlung der Dosis und der lokalen Dosisverteilung ist die spektrale Zusammensetzung durch Messungen möglichst exakt zu bestimmen. Aus direkten Messungen kann durch die Anwendung von Rekonstruktionsalgorithmen auf das emittierte Röhrenspektrum geschlossen werden.

7.1 Prinzipien der Spektrenrekonstruktion

Bereits 1932 wurden erste Untersuchungen zur Bestimmung von Röhrenemissionsspektren durchgeführt [143–146]. Dabei wurde die Transmission von Röntgenstrahlung durch Materie untersucht und mit LAPLACE-Transformation ausgewertet. Durch die Dickenvariation der absorbierenden Schicht konnte die Transmission in Abhängigkeit der Schichtdicke ermittelt werden, wobei die Messung der abgeschwächten Röntgenstrahlung mit Ionisationskammern erfolgte. Das Emissionsspektrum konnte anschließend durch die LAPLACE-Rücktransformation berechnet werden. Später ersetzten monolithische Ge-Detektoren die Ionisationskammern als Spektrometer [147–152], wobei diese durch die thermische Generation von Ladungsträgern bei Raumtemperatur stets Kühlsysteme zur Reduzierung des thermischen Rauschens erfordern. Dieser Nachteil wurde durch die Einführung von monolithischen CdTe-Detektoren [153] und CdZnTe-Detektoren [154, 155] aufgrund der höheren Bandlücke umgangen. Vor wenigen Jahren wurden erste Segment-Detektoren vorgestellt, die in Strahlrichtung eine tiefenabhängige Information über die absorbierten Röntgenphotonen liefern. Als sensitive Materialien wurden CsI(Tl) als Szintillator (mit Thallium dotiertes Caesiumiodid) [156] oder Halbleiter wie Silizium und Cadmiumtellurid genutzt

[157]. Die abgeschätzte spektrale Zusammensetzung der Röntgenstrahlung beeinflusst dabei die Wahl des geeigneten Halbleiters.

Erste Ermittlungen von Röhrenemissionsspektren waren auf die Bestimmung von Bremsspektren mit geringen Photonenenergien begrenzt [158–162]. Später konnte neben Bremsspektren mit Photonenenergien von maximal 4 MeV [163] auch charakteristische Strahlung bestimmt werden [164, 165]. Aber auch die Rekonstruktionsalgorithmen verbesserten sich kontinuierlich. In den 1980er Jahren wurden bereits deutlich verbesserte Anpassungen an das Röhrenemissionsspektrum durchgeführt. Zusätzlich unterstützten Monte-Carlo-Simulationen die Bestimmung der Emissionsspektren. Für die Rekonstruktion der Emissionsspektren aus der Zählwertverteilung stellen die folgenden Methoden gängige Werkzeuge dar. Die SIMPSON-Regel als iterative Methode und lineare Anpassung an die Zählwertverteilung erlaubt Spektrenrekonstruktionen bis zu einigen MeV [163, 166] mit der Option auf Anwendung von spektraler Algebra, um für noch größere Photonenenergien geeignete Rekonstruktionen vornehmen zu können [167]. Eine andere Möglichkeit ist die Näherung der Antwortfunktion, die dem Verhältnis aus Zählwertverteilung und Emissionsspektrum entspricht, als Matrix, um anschließend durch Matrixinversion auf das Emissionsspektrum der Röntgenröhre zu schließen. Geeignete Methoden der Matrixinversion stellen die TIKHONOV-Methode [150, 151], die Truncated Singular Values Decomposition [168, 169] und die Modified Truncated Singular Values Decomposition dar [150]. Weitere Werkzeuge zur Spektrenrekonstruktion sind das Spektrum-Stripping [154, 155, 170–172] und die Methode der kleinsten Quadrate [153]. Allgemein kann die Genauigkeit der Algebra-Systeme durch die Implementierung der BOLTZMANN-Gleichung verbessert werden [152].

7.2 Aufbau und Funktionsweise

Der Zeilendetektor kann neben der Bildaufnahme auch als spektroskopisches Dosimeter verwendet werden. Dafür muss lediglich die in Bild 16 gezeigte Bestrahlungsrichtung um 90° gedreht werden. Die in Bild 67 dargestellte Bestrahlung des GaAs-Absorbers bedingt eine von der Photonenenergie abhängige Eindringtiefe der Photonen. So werden niederenergetische Photonen hauptsächlich in den ersten Pixeln absorbiert, während höherenergetische Photonen zu einem größeren Teil durch die ersten Pixel transmittieren, um in entfernteren Pixeln absorbiert zu werden. Die Zählwerte für die 100 µm breiten Pixel weisen gemäß dem LAMBERT-BEERschen Schwächungsgesetz in Formel 7 im Idealfall einen exponentiellen Abfall in Richtung der Bestrahlung auf. Diese abfallenden Zählwerte bilden bei zusätzlicher Betrachtung des energieabhängigen Absorptionskoeffizienten die Grundlage für die Rekonstruktion von Röhrenemissionsspektren.

Die Einzelphotonenzählung der Auswerteelektronik gewährleistet die separate Auswertung jedes Photons durch die Detektion der je Photon entstehenden Elektron-Loch-Paare. Die Ausdehnung der Ladungsträgerwolke beträgt wenige *µm* und liegt somit zwei Größenordnungen unter der Pixelbreite von 100 µm. Dadurch sind die entstehenden Ladungsträger in sehr guter Näherung in nur einem Pixel detektierbar.

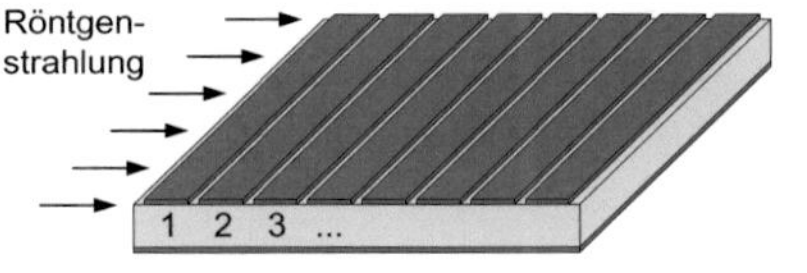

Bild 67: GaAs-Absorber mit um 90° gedrehter Bestrahlungsrichtung

Das vorgestellte spektroskopische Dosimeter kann der Bestimmung von Emissionsspektren von Röntgenröhren dienen. Durch die Kenntnis von Dosis und lokaler Dosisverteilung kann die Bildqualität von Röntgendetektoren optimiert und gegebenenfalls der Bedarf von notwendigen Schirmungen in Röntgendetektoren genau bestimmt werden. Zusätzlich kann durch die Kenntnis von Dosis und lokaler Dosisverteilung eine Dosisreduktion erzielt werden, die insbesondere bei medizinischen Anwendungen große Bedeutung besitzt.

Der linke Teil von Bild 68 zeigt eine Draufsicht des spektroskopischen Dosimeters mit einem GaAs-Absorber mit 32 Pixeln in der Bildmitte. An den Seitenflächen des GaAs-Absorbers befinden sich Streifen der hochabsorbierenden YTZ-Keramik (siehe Abschnitt 5.3), um den Einfall von Streustrahlung an den Seitenflächen zu verhindern. Weiterhin wurde ein Gehäuse entwickelt, welches mehrere Funktionen übernimmt. Zum einen dienen Wolframstäbchen mit einem Durchmesser $\varnothing = 1$ mm als Blende, um ausschließlich den GaAs-Absorber zu bestrahlen. Diese Wolframstäbchen sind im linken Teil von Bild 68 links und rechts der Trägerplatine auf Höhe des GaAs-Absorbers dargestellt. Das Gehäuse wurde zum anderen so konstruiert, dass eine exakte Positionierung der Blende möglich ist. Eine weitere Funktion des Gehäuses besteht in der Verhinderung des Einfalls von Streustrahlung auf der Oberseite des GaAs-Absorbers. Dies wird durch eine Haube aus 5 mm dickem Stahl erreicht, welche auf den vier Wolframstäbchen lagert. Die Haube ist jedoch in Bild 68 nicht dargestellt.

Den prinzipiellen Messaufbau für die Charakterisierung des spektroskopischen Dosimeters zeigt Bild 69. Als Röntgenquelle diente die Röntgenröhre *Yxlon FXE225 (Hamburg, Deutschland)*, die ein 6 µm dickes Wolfram-Transmissionstarget auf einem 250 µm dicken Diamantsubstrat besitzt. Die Messungen erfolgten mit den in Tabelle 12 gezeigten Beschleunigungsspannungen U_B. Die zugehörigen Röhrenströme I_r wurden so gewählt, dass konstante Targetleistungen P_T erreicht wurden. Im Strahlengang wurden wahlweise ein Kupfer-Blech und ein Blei-Kollimator positioniert. Das direkt hinter dem Austrittsfenster

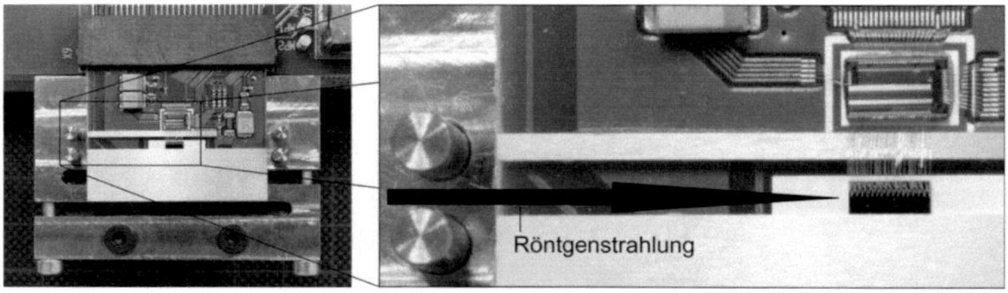

Bild 68: Spektroskopisches Dosimeter mit Blende und Strahlführung

Parametersatz	1	2	3	4	5	6	7
U_B [kV]	60	75	90	105	120	135	150
I_r [µA]	80	64	53	46	40	36	32
P_T [W]	4,8	4,8	4,8	4,8	4,8	4,8	4,8

Tabelle 12: Parametersätze für die Messreihen zur Charakterisierung des spektroskopischen Dosimeters (U_B ... Beschleunigungsspannung, I_r ... Röhrenstrom, P_T ... Targetleistung)

der Röhre befindliche, 300 µm dicke Kupfer-Blech filtert niederenergetische Röntgenstrahlung. Weiterhin reduziert der 1 mm dicke Blei-Kollimator die durch den COMPTON-Effekt an Luftmolekülen hervorgerufene Streustrahlung. Der Blei-Kollimator weist eine kreisförmige Öffnung mit einem Durchmesser $\varnothing \approx 100$ µm auf. Die Positionierung des Kollimators im Strahlengang erfolgte in der Art, dass die Stirnseite des GaAs-Absorbers gerade vollständig und mit einem reduzierten Streustrahlungsanteil bestrahlt wird. Vor der Messung der energieabhängigen Zählwerte wurden die Parameter der Auswerteelektronik für die Bestrahlungsrichtung des bildgebenden Zeilendetektors angepasst, damit für alle Pixel gleiche Zählwerte registriert wurden.

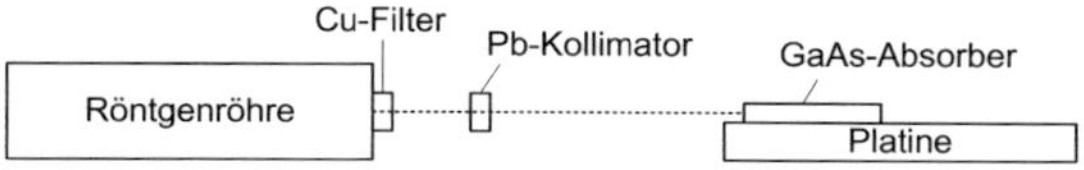

Bild 69: Prinzipieller Messaufbau für die Charakterisierung des spektroskopischen Dosimeters, Skizze nicht maßstäblich

7.3 Spektrenrekonstruktion

Die Zählwertverteilung $N(n)$ im GaAs-Absorber in Abhängigkeit des Kanals n ergibt sich gemäß Formel 30 aus der Integration über dem Röhrenspektrum $I(E)$ und der Antwortfunktion (E_{max} ... maximale Photonenenergie, µ ... Absorptionskoeffizient, d ... Pixelbreite,

c_0 ... Offset durch Streustrahlung). Dabei ist die Antwortfunktion durch die Transmission eines Photons durch *n-1* vorgelagerte Pixel und die Absorption des Photons im *n*-ten Pixel bestimmt. Der Einfluss möglicher Streustrahlung wird in Formel 30 durch die Offsetkonstante c_0 ausgedrückt.

$$N(n) = \int_0^{E_{max}} I(E) \underbrace{\exp\left[-\mu(n-1)d\right]}_{\text{Transmission durch n-1 Pixel}} \underbrace{\left[1 - \exp(-\mu d)\right]}_{\text{Absorption im n-ten Pixel}} dE + c_0 \quad (30)$$

Bei der Anwendung der Integralgleichung muss die Energieabhängigkeit des Absorptionskoeffizienten berücksichtigt werden. Für GaAs zeigt Bild 70 den Verlauf des Massenabsorptionskoeffizienten in Abhängigkeit der Photonenenergie [173]. Abseits der dargestellten K- und L-Absorptionskanten kann der Verlauf des Massenabsorptionskoeffizienten stückweise approximiert werden. Für die relevante Photonenenergie $E_{Ph} = 12 \ldots 200$ keV erfolgte die Näherung mit $\mu(E) = a\rho/E^b$ (a,b ... Konstanten, $\rho_{GaAs} = 5{,}31\,g/cm^3$ ... Dichte, Anpassungsgüte $\chi^2 = 0{,}2866$).

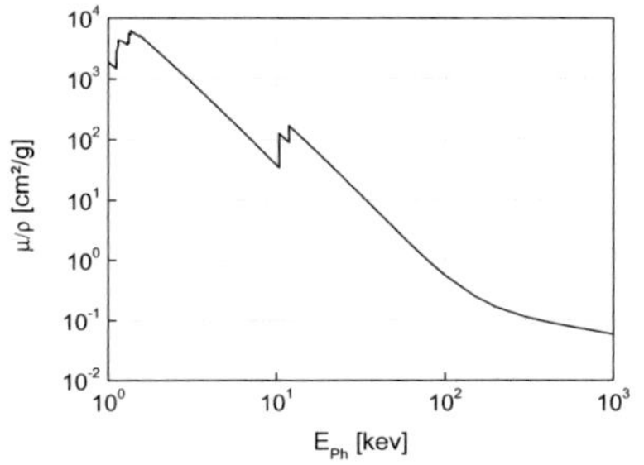

Bild 70: Massenabsorptionskoeffizient μ/ρ von GaAs in Abhängigkeit der Photonenenergie E_{Ph} [173]

Die durchgeführten Spektrenrekonstruktionen beschränkten sich auf die Bremsstrahlung des Röhrenspektrums, die charakteristische Strahlung wird nicht beachtet. Für die Rekonstruktion des Bremsspektrums bietet sich die Vorgabe eines vorgeformten Spektrums an. Dieses Spektrum unterliegt einigen Vorgaben und orientiert sich an gemessenen und berechneten Röhrenspektren, die der Literatur entnommen werden können. Typischerweise kann ein Röhrenspektrum durch zwei Teilfunktionen beschrieben werden (siehe auch Bild 3). Zunächst steigt die Intensität von sehr niedrigen Photonenenergien zur Photonenenergie mit maximaler Intensität an (Teilfunktion f_1). Für weiter zunehmende Photonenenergien verringert sich dagegen die Intensität (Teilfunktion f_2). Entsprechend kann das Emissionsspektrum durch Formel 31 beschrieben werden (E_0 ... minimale Photonenenergie, E_S ... Photonenenergie bei maximaler Intensität, E_{max} ... maximale Photonenenergie). Gemäß der Literatur könnte die Teilfunktion f_1 mathematisch durch ein kubisches Polynom ausgedrückt werden. Für die Teilfunktion f_2 bestehen dagegen verschiedene Möglichkeiten der Näherung. Die Teilfunktion f_2 könnte anhand der Literatur mathematisch durch ein kubisches Polynom [147, 158–167, 174], ein quadratisches Polynom [148, 149, 152, 153, 156, 157, 168, 169, 175] oder eine Gerade [151, 170] beschrieben werden. Weiterhin gibt es Veröffentlichungen, welche die Gestalt der Teilfunktion f_2 in Abhängigkeit der Beschleunigungsspannung dokumentieren [150, 171, 172]. Demnach weist die Teilfunktion f_2 eher einen quadratischen Verlauf für niedrige Beschleunigungsspannungen sowie eher einen kubischen Verlauf für höhere Beschleunigungsspannungen auf.

$$I(E) = \begin{cases} f_1 & \text{mit } f_1' > 0 \text{ für } E_0 \leq E \leq E_S \\ f_2 & \text{mit } f_2' < 0 \text{ für } E_S < E \leq E_{max} \end{cases} \tag{31}$$

Als Vorgabe für das vorgeformte Emissionsspektrum dienen die in Bild 71 (eine kubische und eine quadratische Teilfunktion) und Bild 72 (zwei kubische Teilfunktionen) gezeigten Spektren. Beide Modelle der Bremsstrahlung können durch folgende Parameter beschrieben werden. Die Photonenenergien E_0 und E_{max} beschreiben den Definitionsbereich des Spektrums, während die Photonenenergie mit maximaler Intensität I_{max} mit E_S beschrieben wird. E_0 berücksichtigt die Strahlaufhärtung durch Filter oder Begrenzungen des Dosimeters für die Detektion niederenergetischer Photonen und nimmt daher Werte an, die größer als Null sind. Die maximale Photonenenergie E_{max} wird bei den Modellierungen als Konstante betrachtet, da sie durch die verwendeten Beschleunigungsspannungen festgelegt ist (z. B. $E_{max} = 90$ keV für $U_B = 90$ kV). Für die durchgeführten Modellierungen dienten E_S und I_{max} als notwendige Parameter sowie E_0 und c_0 als optionale Parameter.

Für die Teilfunktionen f_1 und f_2 legen die an sie gestellten Anforderungen die jeweiligen Koeffizienten der Polynome fest. Tabelle 13 zeigt die Polynome, welche die Teilfunktionen beschreiben.

Auf Basis der Zählwertverteilung $N(n)$ können die Parameter E_0, E_S, I_{max} und c_0 durch numerische Integration gemäß Formel 30 bestimmt werden. Für die Durchführung der numerischen Integration wurde *OriginPro (OriginLab Corporation, Northampton, MA, USA)* verwendet. Zur Reduzierung der Abweichungen zwischen theoretischen Zählwerten, die durch ein modelliertes Spektrum entstehen, und gemessenen Zählwerten diente die Anwendung der Methode der kleinsten Quadrate gemäß Formel 32 [93] (χ^2 ... Summe der kleinsten Quadrate, σ ... Standardabweichung des gemessenen Werts, y ... gemessener Wert,

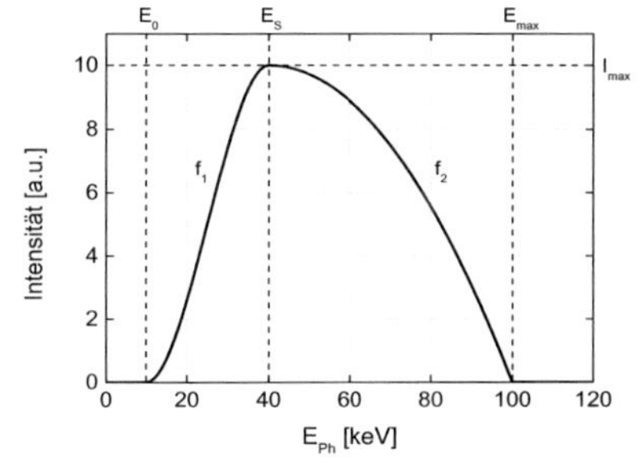

Bild 71: Theoretisches Emissionsspektrum einer Röntgenröhre mit einer kubischen Teilfunktion *f1* und einer quadratischen Teilfunktion *f2*

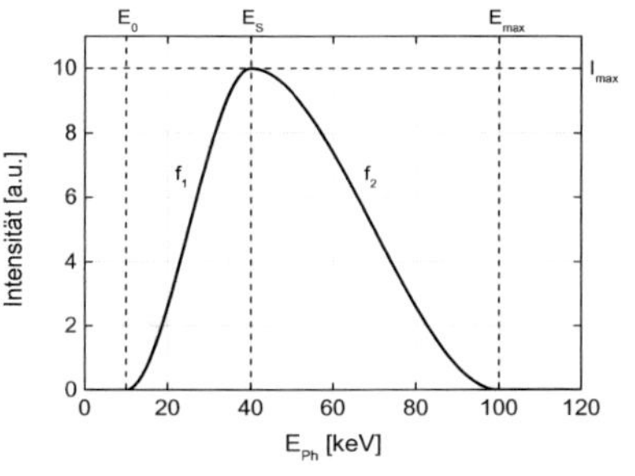

Bild 72: Theoretisches Emissionsspektrum einer Röntgenröhre mit zwei kubischen Teilfunktionen *f1* und *f2*

$\mathbf{f_1}$ **kubisch**, Anforderungen: $f_1(E_0)=0,\ f_1(E_S)=I_{max},\ f_1'(E_0)=0,\ f_1'(E_S)=0$ $f_1 = a_1\,(E-E_0)^3 + a_2\,(E-E_0)^2$, mit $a_1 = -\frac{2}{(E_S-E_0)^3};\quad a_2 = \frac{3}{(E_S-E_0)^2}$
$\mathbf{f_2}$ **quadratisch**, Anforderungen: $f_2(E_S)=I_{max},\ f_2(E_{max})=0,\ f_2'(E_S)=0$ $f_2 = b_1E^2 + b_2E + b_3$, mit $b_1 = -\frac{1}{(E_{max}-E_S)^2};\quad b_2 = \frac{2E_S}{(E_{max}-E_S)^2};\quad b_3 = \frac{E_{max}^2 - 2E_{max}E_S}{(E_{max}-E_S)^2}$
$\mathbf{f_2}$ **kubisch**, Anforderungen: $f_2(E_S)=I_{max},\ f_2(E_{max})=0,\ f_2'(E_S)=0,\ f_2'(E_{max})=0$ $f_2 = c_1E^3 + c_2E^2 + c_3E + c_4$, mit $c_1 = \frac{2}{(E_{max}-E_S)^3};\quad c_2 = -\frac{3\,(E_{max}+E_S)}{(E_{max}-E_S)^3};\quad c_3 = \frac{6E_{max}E_S}{(E_{max}-E_S)^3};\quad c_4 = \frac{E_{max}^3 - 3E_{max}^2E_S}{(E_{max}-E_S)^3}$

Tabelle 13: Polynome der Teilfunktionen *f1* und *f2* des vorgeformten Röhrenemissionsspektrums mit den an sie gestellten Anforderungen

f(x) ... angepasster Wert, n ... Anzahl der Messpunkte, i ... Zählvariable). Der χ^2-Wert erlangt durch die Berücksichtigung der Parameteranzahl p gemäß Formel 33 als angepasster χ^2-Wert (*adjusted-*χ^2) eine größere Aussagekraft zur Beurteilung der Anpassungsgüte [93].

$$\chi^2 = \sum_{i=1}^{n} \frac{1}{\sigma_i^2} \left[y_i - f\left(x_i\right)\right]^2 \tag{32}$$

$$adj.\text{-}\chi^2 = \frac{\chi^2}{n-p} \tag{33}$$

Die Zählwertverteilungen wurden für zwei verschiedene Dosimeter für 500 ms Messzeit aufgenommen und ausgewertet. Da sich die Ergebnisse sehr ähneln, werden im Folgenden nur die Ergebnisse eines Dosimeters vorgestellt. Bild 73 zeigt die exemplarischen Zählwertverteilungen in Abhängigkeit des Kanals sowie der Beschleunigungsspannung U_B ohne den Cu-Filter und ohne den Pb-Kollimator im Strahlengang. In Bild 73 sowie bei den Modellierungen wurden die Zählwerte für Kanal #1 und Kanal #32 nicht berücksichtigt, da in diesen teilweise nicht plausible Zählwerte gemessen wurden. Offensichtlich weisen die Zählwertverteilungen keinen exponentiellen Abfall in linearer Darstellung respektive keinen linearen Abfall in logarithmischer Darstellung auf, wie es für den theoretischen Fall der monochromatischen Emission einer Röntgenröhre erwartet werden könnte. Die polychromatische Emission verursacht für Photonen mit verschiedener Energie wegen des energieabhängigen Absorptionskoeffizienten unterschiedliche Eindringtiefen und entsprechend höhere Zählwerte in entfernteren Pixeln. Dieses Verhalten erklärt den exponentiellen Abfall der Zählwerte in logarithmischer Darstellung. Der Vergleich der absoluten Zählwerte für verschiedene Beschleunigungsspannungen ist eingeschränkt, da bei der Bestrahlung geringe Abweichungen der angedachten Röhrenleistung (siehe Tabelle 12) auftraten.

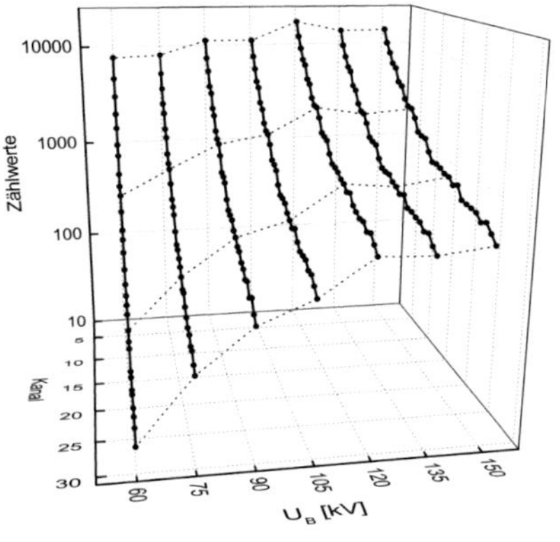

Bild 73: Zählwertverteilungen in Abhängigkeit des Kanals und der Beschleunigungsspannung U_B (ohne Cu-Filter, ohne Pb-Kollimator)

Bild 74 zeigt die Normierung der Zählwerte auf Kanal 8. Diese Darstellung erlaubt die Bewertung der Absorption pro Pixel bezogen auf die gesamte Absorption bei einer bestimmten Beschleunigungsspannung. Offensichtlich verringern sich die normierten Zählwerte der oberflächennahen Pixel für zunehmende Beschleunigungsspannungen. Entsprechend vergrößern sich die normierten Zählwerte der tieferen Pixel für zunehmende Beschleunigungsspannungen. Dieses Verhalten bestätigt den geringeren Absorptionskoeffizienten höherenergetischer Photonen.

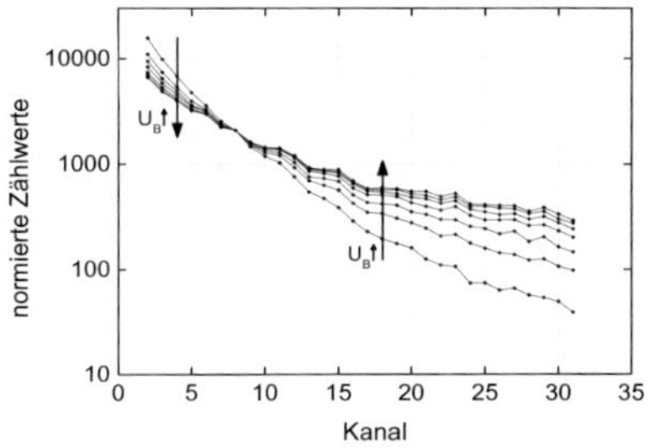

Bild 74: Auf Kanal #8 normierte Zählwertverteilungen in Abhängigkeit des Kanals und der Beschleunigungsspannung U_B (ohne Cu-Filter, ohne Pb-Kollimator)

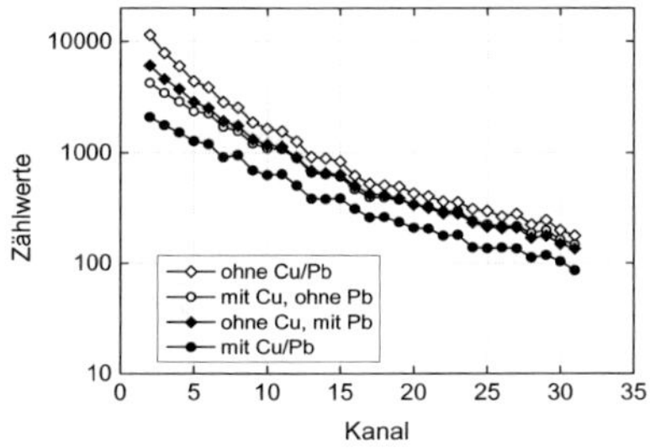

Bild 75: Zählwertverteilungen in Abhängigkeit des Kanals sowie der optionalen Verwendung des Cu-Filters und/oder des Pb-Kollimators für die Beschleunigungsspannung $U_B = 90\,kV$

Den Vergleich der Zählwertverteilungen für die Beschleunigungsspannung $U_B = 90\,kV$ bei optionaler Verwendung des Cu-Filters und/oder des Pb-Kollimators zeigt Bild 75. Die gemessenen Zählwerte entsprechen den Erwartungen, da die Zählwerte durch die Verwendung des Cu-Filters oder des Pb-Kollimators bereits spürbar reduziert sind. Noch niedrigere Zählwerte lassen sich bei gleichzeitiger Verwendung des Cu-Filters und des Pb-Kollimators detektieren, weil vor allem die niederenergetische Strahlung zum großen Teil gefiltert wird. Weiterhin lässt der geringere Abfall der Zählwertverteilungen bei Verwendung des Cu-Filters und/oder des Pb-Kollimators auf eine Strahlaufhärtung schließen. Diese fällt bei der Verwendung des Cu-Filters stärker als bei der Verwendung des Pb-Kollimators aus. Am stärksten ist die Strahlaufhärtung allerdings bei gleichzeitiger Verwendung des Cu-Filters und des Pb-Kollimators ausgeprägt, da sowohl der Cu-Filter als auch der Pb-Kollimator zur Strahlaufhärtung beitragen.

Die Anpassungen zur Bestimmung des Röhrenemissionsspektrums wurden mit den notwendigen Parametern E_S und I_{max} sowie den optionalen Parametern E_0 und c_0 durchgeführt. Die in Tabelle 14 gezeigten Anpassungsgüten variieren in Abhängigkeit der verwendeten Anpassungsparameter für die beiden vorgeformten Emissionsspektren (siehe Bilder 71 und 72). Der Parameter c_0 verbessert bei ungefilterten Röhrenspektren eher die Anpassung, da der relativ hohe Anteil der Streustrahlung durch den Parameter c_0 berücksichtigt wird. Eine Verbesserung der Anpassung für Spektren mit Cu-Filter und/oder Pb-Kollimator im Strahlengang kann durch Hinzunahme des Parameters E_0 erzielt werden. In diesem Fall wird die auftretende Strahlaufhärtung beachtet. Die besten Anpassungsgüten können für beide vorgeformten Emissionsspektren erreicht werden, wenn sowohl c_0 als auch E_0 verwendet werden. Im Mittel weisen die Anpassungen für das vorgeformte

I(E) mit f_1, f_2	optionale Anpassungsparameter	ohne Cu-F. ohne Pb-K.	mit Cu-F. ohne Pb-K.	ohne Cu-F. mit Pb-K.	mit Cu-F. mit Pb-K.
	-	2,65	4,44	5,50	2,76
f_1: kubisch,	c_0	2,75	4,62	5,84	2,89
f_2: quadratisch	E_0	2,05	2,79	3,52	1,43
	c_0, E_0	1,83	1,85	2,53	0,91
	-	2,54	4,24	4,88	2,70
f_1: kubisch,	c_0	1,88	4,73	4,90	2,83
f_2: kubisch	E_0	2,63	3,10	4,62	1,49
	c_0, E_0	1,28	1,98	2,42	1,00

Tabelle 14: Anpassungsgüten (adj.-χ^2) zur Bestimmung des Röhrenemissionsspektrums *I(E)* mit den notwendigen Parametern E_S und I_{max} sowie den optionalen Parametern c_0 und E_0 für die Beschleunigungsspannung $U_B = 90$ kV bei optionaler Verwendung des Cu-Filters und/oder des Pb-Kollimators

Emissionsspektrum mit zwei kubischen Teilfunktionen eine bessere Güte auf, so dass sich die folgenden Betrachtungen auf dieses vorgeformte Emissionsspektrum beschränken.

Bild 76 zeigt die Verläufe der minimalen Photonenenergie E_0 und deren Standardabweichung in Abhängigkeit der Beschleunigungsspannung U_B bei optionaler Verwendung des Cu-Filters und/oder des Pb-Kollimators. Der minimale Wert für die minimale Photonenenergie E_0 beträgt 17 keV und unterscheidet sich daher deutlich von Null, was für ideale Messbedingungen und ohne Verwendung des Cu-Filters und des Pb-Kollimators erreicht werden würde. Offenbar verhindern dies die Eigenabsorption des Targets sowie Begrenzungen des Dosimeters für die Detektion niederenergetischer Photonen. Die Verläufe der minimalen Photonenenergie E_0 lassen sich in zwei Gruppen unterteilen. Die Verläufe ohne Verwendung des Cu-Filters unterscheiden sich von den Verläufen bei Verwendung des Cu-Filters, sind dabei aber fast unabhängig von der Verwendung des Pb-Kollimators. Für Beschleunigungsspannungen $U_B < 105$ kV wirkt die Strahlaufhärtung bei Verwendung des Cu-Filters für steigende Beschleunigungsspannungen in zunehmendem Maße. Für Beschleunigungsspannungen $U_B \geq 105$ kV ist der Einfluss der Strahlaufhärtung bei Verwendung des Cu-Filters unabhängig von der Beschleunigungsspannung.

Bild 77 zeigt die Verläufe der Photonenenergie E_S bei maximaler Intensität I_{max} und deren Standardabweichung in Abhängigkeit der Beschleunigungsspannung U_B bei optionaler Verwendung des Cu-Filters und/oder des Pb-Kollimators. Für geringe Beschleunigungsspannungen wächst die Photonenenergie E_S bei maximaler Intensität mit zunehmender Beschleunigungsspannung allgemein etwas an, bevor sie für weiter zunehmende Beschleunigungsspannungen wieder abfällt. Die Photonenenergie E_S bei maximaler Intensität ist

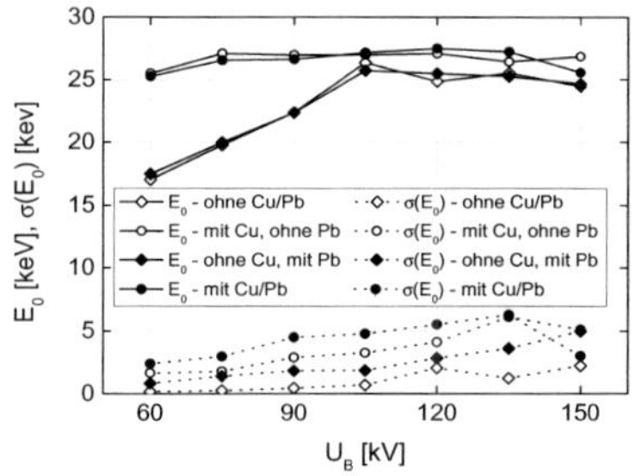

Bild 76: Rekonstruierte minimale Photonenenergie E_0 in Abhängigkeit der Beschleunigungsspannung U_B bei optionaler Verwendung des Cu-Filters und/oder des Pb-Kollimators

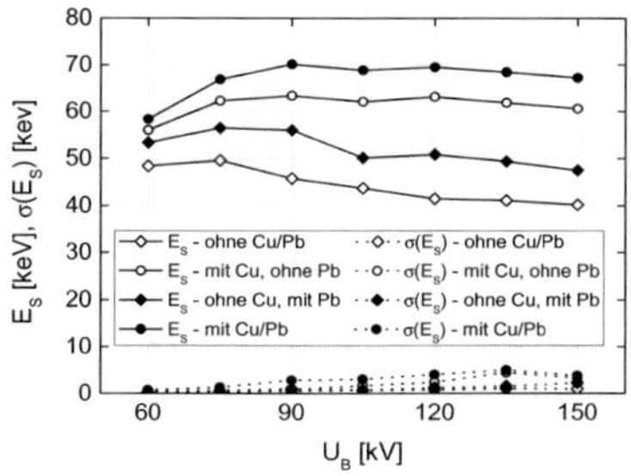

Bild 77: Rekonstruierte Photonenenergie E_S bei maximaler Intensität in Abhängigkeit der Beschleunigungsspannung U_B bei optionaler Verwendung des Cu-Filters und/oder des Pb-Kollimators

prinzipiell am geringsten ohne Filterung und nimmt bei Verwendung des Pb-Kollimators zu. Größere Werte nimmt die Photonenenergie E_S bei maximaler Intensität bei Verwendung des Cu-Filters und schließlich bei gleichzeitiger Verwendung des Cu-Filters und des Pb-Kollimators an. Dieses Verhalten dokumentiert den Einfluss der Strahlaufhärtung, wobei dieser bei Verwendung des Cu-Filters wie beim Verlauf der minimalen Photonenenergie E_0 sichtbar wird. Während sich der Einfluss des Pb-Kollimators auf die minimale Photonenenergie E_0 durch Reduzierung der niederenergetischen Streustrahlung kaum nachweisen lässt, zeigt sich nun die Strahlaufhärtung anhand der Photonenenergie E_S bei maximaler Intensität. Zur Bewertung des Einflusses der Strahlaufhärtung des Cu-Filters und des Pb-Kollimators müssen folglich sowohl die minimale Photonenenergie E_0 als auch die Photonenenergie E_S bei maximaler Intensität betrachtet werden.

Die sich aus den Anpassungen der Parameter E_0, E_S und I_{max} ergebenden rekonstruierten Emissionsspektren für verschiedene Beschleunigungsspannungen zeigt Bild 78. Diese verdeutlichen die bereits beschriebenen Bewertungen bezüglich der minimalen Photonenenergie E_0 sowie der Photonenenergie E_S bei maximaler Intensität. Weiterhin zeigen die rekonstruierten Emissionsspektren das Verhalten der maximalen Intensität I_{max}. Für alle Beschleunigungsspannungen verringert sich die maximale Intensität I_{max} bei Verwendung des Cu-Filters oder des Pb-Kollimators signifikant, da vor allem die niederenergetische Strahlung zum großen Teil gefiltert wird. Am geringsten ist die maximale Intensität I_{max} erwartungsgemäß bei gleichzeitiger Verwendung des Cu-Filters und des Pb-Kollimators.

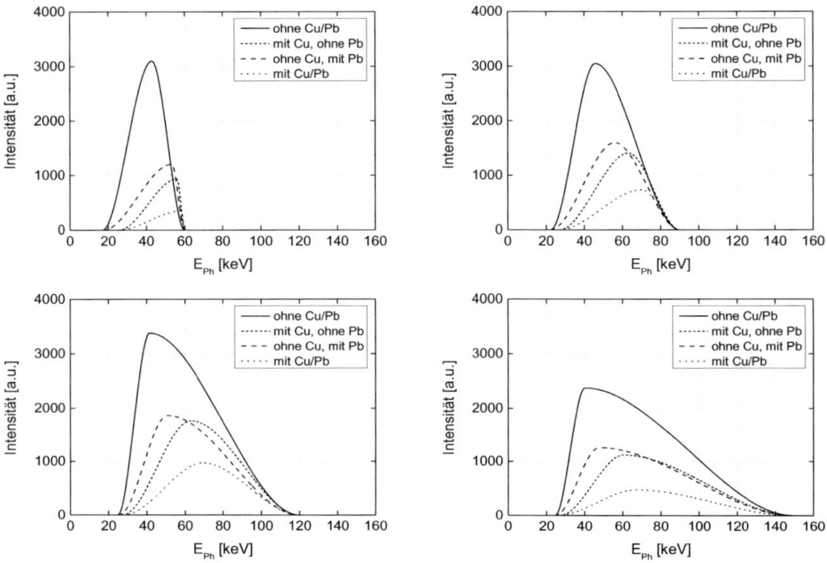

Bild 78: Rekonstruierte Emissionsspektren der Röntgenröhre für verschiedene Beschleunigungsspannungen U_B bei optionaler Verwendung des Cu-Filters und/oder des Pb-Kollimators ($U_B = 60\,kV$ oben links, $U_B = 90\,kV$ oben rechts, $U_B = 120\,kV$ unten links, $U_B = 150\,kV$ unten rechts)

7.4 Vergleich mit simulierten Spektren

Die Bewertung der rekonstruierten Emissionsspektren erfolgt durch den Vergleich mit simulierten Emissionsspektren (*Entwicklungszentrum Röntgentechnik, Fraunhofer-Institut für Integrierte Schaltungen, Fürth, Deutschland*) [176]. Diese per Monte-Carlo-Simulation ermittelten Emissionsspektren sind auf die verwendete Röntgenröhre *Yxlon FXE225* zugeschnitten. Es wurden das Targetmaterial, die Dicke des Targetmaterials, die Dicke des Substrats, die Neigung des Targets und die Eigenabsorption des Targets berücksichtigt. Neben der Bremsstrahlung wurde auch die charakteristische Röntgenstrahlung simuliert, die beim Vergleich mit den rekonstruierten Spektren allerdings keine Beachtung findet.

Die Bilder 79 und 80 zeigen den Vergleich der rekonstruierten Emissionsspektren mit Cu-Filterung bei optionaler Verwendung des Pb-Kollimators und den simulierten Emissionsspektren für die Beschleunigungsspannung $U_B = 90\,kV$ respektive $U_B = 150\,kV$. Dabei sind die Spektren jeweils auf das Intensitätsmaximum der Bremsstrahlung normiert, um eine bessere Vergleichbarkeit zu gewährleisten. Erkennbare Unterschiede treten zwischen den rekonstruierten und den simulierten Emissionsspektren auf. Bessere Anpassungen lassen sich wider Erwarten erzielen, wenn der Pb-Kollimator nicht verwendet wird, obwohl dieser die unerwünschte Streustrahlung reduziert. Das Dosimeter schneidet im Vergleich zu den Simulationen allgemein zu viele niederenergetische Röntgenphotonen ab. Eine mögliche Ursache stellt folgende Begrenzung des Dosimeters dar. Für die Festlegung, welcher Spannungshub noch einem Photoneneinfall entspricht, dient eine Referenzspannung am Komparator. Diese Referenzspannung kann dabei nicht beliebig nach unten geregelt werden, da sonst Störungen und Rauschen als Impulse gezählt werden könnten. Demnach sind niedrige Photonenenergien für den GaAs-Absorber nicht detektierbar. Um die festgestellten Abweichungen zwischen Rekonstruktion und Simulation zu bestätigen, sollten die Messungen in jedem Fall an einer zweiten Röntgenröhre mit gleichem Target wiederholt werden.

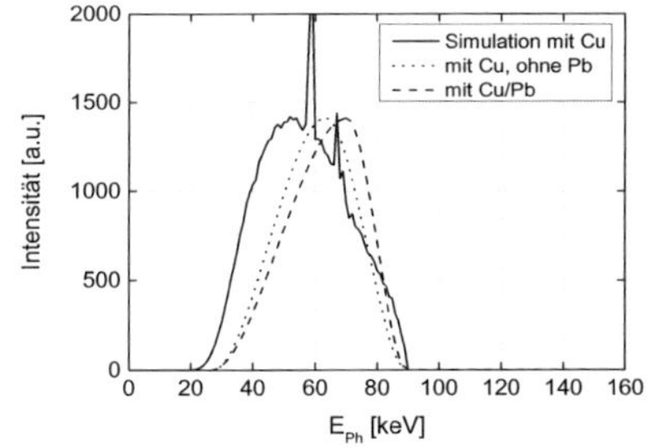

Bild 79: Vergleich des simulierten Emissionsspektrums und der rekonstruierten Emissionsspektren der Röntgenröhre für die Beschleunigungsspannung $U_B = 90\,kV$ (normiert auf das Intensitätsmaximum der Bremsstrahlung)

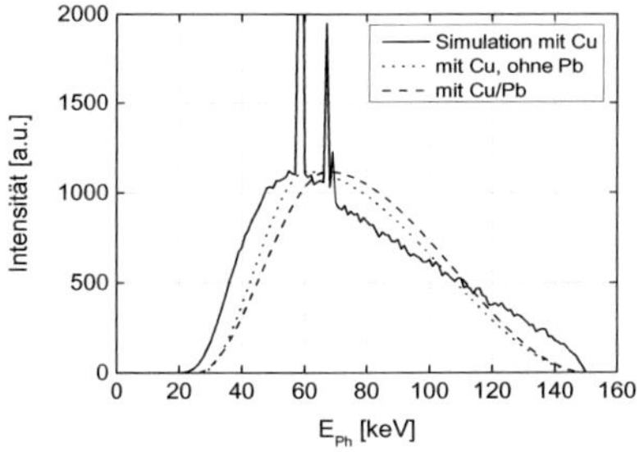

Bild 80: Vergleich des simulierten Emissionsspektrums und der rekonstruierten Emissionsspektren der Röntgenröhre für die Beschleunigungsspannung $U_B = 150\,kV$ (normiert auf das Intensitätsmaximum der Bremsstrahlung)

Die folgenden Ansätze könnten zusätzlich zu Unterschieden zwischen rekonstruierten und simulierten Emissionsspektren beitragen. Einen Störfaktor könnte die nicht optimale Quanteneffizienz des mittels des VGF-Verfahrens gezüchteten GaAs-Absorbers darstellen. Epitaktisches GaAs mit einer höheren Quanteneffizienz bietet sich jedoch für den Einsatz als Dosimeter wegen der begrenzten Schichtdicken respektive Absorptionsvolumina nicht an. Zusätzlich könnten verschiedene Oxide auf der Oberfläche des GaAs-Absorbers, wie $Ga_{2.3}AsO_5$, $Ga_2As_{0.3}O_2$ [177] oder $GaAsO_4$ [178], Interferenzen der einfallenden Photonen verursachen.

Die gezeigten rekonstruierten Röhrenemissionsspektren verdeutlichen, dass das spektroskopische Dosimeter für qualitative Bewertungen verwendet werden kann. So ist beispielsweise die Mehrfachmessung des Röhrenemissionsspektrums an verschiedenen Tagen denkbar, um den Zustand der Röntgenröhre zu überwachen. Eine quantitative Bewertung würde dagegen die Ermittlung einer Eichkurve erfordern, welche die Relation zwischen simuliertem und rekonstruiertem Röhrenspektrum widerspiegelt. Die Konsistenz der Eichkurve sollte bei fortführenden Entwicklungen untersucht werden.

8 Zusammenfassung

Die vorliegende Dissertation dokumentiert weitreichende Zuverlässigkeitsuntersuchungen zur Charakterisierung der Strahlenresistenz von zählenden, direktkonvertierenden Röntgenzeilendetektoren auf Halbleiterbasis. Erste Bestrahlungsversuche des Zeilendetektors zeigen seine prinzipielle Nutzbarkeit. Zusätzlich wird die Anwendung des Zeilendetektors als spektroskopisches Dosimeter vorgestellt.

Einen wesentlichen Bestandteil bei der Entwicklung von Röntgendetektoren stellt die Ausarbeitung und Umsetzung eines ganzheitlichen strahlenresistenten Designs dar. So können strahleninduzierte Ionisationseffekte in Komponenten des Detektors sowohl durch konstruktive als auch durch technologische Maßnahmen minimiert werden. Die Grundlage für ein strahlenresistentes Design des Röntgendetektors stellt das entwickelte Aufbaukonzept dar. Dieses beschränkt den direkten Einfall der Röntgenstrahlung auf das sensitive Material und reduziert somit die Degradation von strahlenempfindlichen Komponenten wie der Auswerteelektronik und der verwendeten Klebstoffe.

Die MOS-Strukturen (Metall-Oxid-Halbleiter) der Auswerteelektronik können durch die ionisierende Wirkung von einfallenden Röntgenphotonen degradieren. So führen lokale Aufladungen der MOS-Transistoren zu Schwellenspannungsverschiebungen und der Ausbildung von parasitären leitfähigen Pfaden. Zusätzlich können einfallende Röntgenphotonen eine Verringerung der Ladungsträgerbeweglichkeit verursachen. Für die Evaluierung der Transistoren hinsichtlich deren Strahlenresistenz wurde ein Testchip entworfen, der unter anderem die im Auswertechip implementierten Transistoren enthält und deren separate Vermessung gestattet. So konnte der Einfluss der Röntgenbestrahlung in Abhängigkeit des Transistorlayouts (gestreckt oder ringförmig), der Transistorgeometrie (variable Kanallänge und -weite) und einer optionalen Transistorisolation untersucht werden. Ringtransistoren wurden jedoch nur für NMOS-Transistoren (n-Kanal-MOS) realisiert, da die Literatur bereits für gestreckte PMOS-Transistoren (p-Kanal-MOS) eine gute Strahlenresistenz belegt. Die Bestrahlung der Transistoren erfolgte mit einer Strahlendosisleistung von 1 kGy/d, so dass im Vergleich zur Anwendung des Zeilendetektors mit einer Strahlendosisleistung von 0,5 Gy/h eine beschleunigte Alterung durchgeführt wurde.

Die Bestimmung der Strahlenresistenz der Transistoren erfolgte durch Messung von

Ausgangs- und Transferkennlinien, so dass Schwellenspannungen und Drainströme der Transistoren ermittelt werden konnten. Die zeitlichen Verläufe der Schwellenspannungen und Drainströme von NMOS- und PMOS-Transistoren während konstanter Bestrahlung unterscheiden sich grundsätzlich aufgrund der verschiedenen Ladungsverteilungen in beiden Transistorarten. Bei NMOS-Transistoren fällt die Schwellenspannung zunächst durch die sich schnell ausbildenden Ladungen im Gateoxid ab, bevor die Schwellenspannung durch die sich verzögert ausbildenden Ladungen im Interface zwischen Gateoxid und Silizium-Substrat über ihren Ausgangswert ansteigt. Bei PMOS-Transistoren haben hingegen die sich im Gateoxid sowie im Interface zwischen Gateoxid und Silizium-Substrat ausbildenden Ladungen eine gleichgerichtete Wirkung auf die Schwellenspannung. Während der gesamten Bestrahlung steigt der Betrag der Schwellenspannung kontinuierlich an.

Aus den gemessenen zeitlichen Verläufen der Schwellenspannungen von NMOS- und PMOS-Transistoren könnten Aktivierungsenergien sowie -raten der Ladungen im Gateoxid und im Interface zwischen Gateoxid und Silizium-Substrat ermittelt werden. Grundlage für die Bestimmung von Aktivierungsenergien und -raten sind die Änderungsraten der Schwellenspannungen. Diese Auswertungen bieten sich für weiterführende Analysen der Messwerte an, um beispielsweise einen Mehrwert für Simulationen zu erzielen.

Beim ringförmigen Transistorlayout der NMOS-Transistoren konnte im Vergleich zum gestreckten Transistorlayout ein reduziertes Anwachsen der Schwellenspannung nachgewiesen werden. Für den zugehörigen Drainstrom in Arbeitspunktnähe wurde ein um maximal 4 % verringerter strahlungsinduzierter Abfall festgestellt. Zusätzlich reduziert ein ringförmiges Transistorlayout die Ausbildung von parasitären leitfähigen Pfaden. Gestreckte PMOS-Transistoren zeigen entgegen den Angaben der Literatur ebenfalls eine merkliche Veränderung während der Röntgenbestrahlung. Somit empfiehlt sich für zukünftige Weiterentwicklungen der Auswerteelektronik, die PMOS-Transistoren ebenfalls als Ringtransistoren zu implementieren. Für die Anwendung des Zeilendetektors bietet sich eine beschleunigte Voralterung an, da die strahlungsinduzierten Veränderungen sowohl für NMOS- als auch für PMOS-Transistoren zu Beginn der Bestrahlung am größten ausfallen.

Weiterhin konnte für MOS-Transistoren gezeigt werden, dass für große Kanallängen und geringe Kanalweiten die geringsten Schwellenspannungsverschiebungen unter dem Einfluss von Röntgenbestrahlung auftreten. Für eine optionale Transistorisolation ließ sich dagegen kein Einfluss auf die Schwellenspannung nachweisen. Diese Kenntnisse können in zukünftige Weiterentwicklungen der Auswerteelektronik einfließen.

Die Bestrahlungsversuche wurden mit einer Strahlendosisleistung von 250 Gy/d mit angepasster Bestrahlungsdauer für eine konstante Strahlendosis wiederholt. Dabei konnten Schädigungen der MOS-Transistoren festgestellt werden, die der Degradation bei einer Strahlendosisleistung von 1 kGy/d sehr ähneln. Daher erlauben die Resultate, von der beschleunigten Alterung (1 kGy/d) auf die Auswirkungen der Bestrahlung für den Anwendungsfall des Röntgendetektors (0,5 Gy/h) zu schließen.

Nach der Bestrahlung der MOS-Transistoren setzen Relaxationsvorgänge ein, welche die Ladungen im Gateoxid unmittelbar sowie die Ladungen im Interface zwischen Gateoxid und Silizium-Substrat verzögert zurückbilden. Die Relaxationen der Ladungen im Interface zwischen Gateoxid und Silizium-Substrat können durch eine Temperung beschleunigt werden. Zur Untersuchung dieses Einflusses wurden die MOS-Transistoren bei 100 °C für 24 h getempert. Bei diesen Bedingungen konnte eine teilweise Relaxation der Ladungen im Interface zwischen Gateoxid und Silizium-Substrat erzielt werden. Für die Anwendung des Röntgendetektors bietet sich eine Ausheilung dieser Ladungen bei höheren Temperaturen, unter Beachtung der maximal zulässigen Temperatur, über längere Zeiträume an.

Für den Aufbau des Zeilendetektors wurden die thermisch leitfähigen Epoxidklebstoffe EPO-TEK® H20E (elektrisch leitfähig) und EPO-TEK® H70E (elektrisch isolierend) verwendet. Die Evaluierung möglicher Schädigungen der verwendeten Epoxidklebstoffe erfolgte an Testproben, die durch Gammaphotonen des Caesiumisotops ^{137}Cs mit verschiedenen Strahlendosen bestrahlt wurden. Die maximale applizierte Strahlendosis betrug 4500 Gy, was etwa der Strahlendosis während der prognostizierten Lebensdauer des Röntgendetektors entspricht. Die Testproben wurden mittels Schertests (zur Überprüfung der mechanischen Festigkeit), Rasterelektronenmikroskopie (REM, zur visuellen Inspektion), energiedispersiver Röntgenspektroskopie (EDX), Fourier-Transformations-Infrarotspektroskopie (FTIR-Spektroskopie, beide zur Überprüfung der chemischen Zusammensetzung) und Leitfähigkeitsmessungen untersucht.

Die bestimmten mittleren Scherkräfte sind unabhängig von der applizierten Strahlendosis, da deren strahleninduzierte Schwankungen geringer als die Standardabweichungen bei den einzelnen Strahlendosen sind. Die entsprechenden Scherspannungen betragen für beide Klebstoffe rund 40 MPa. Damit sind die Scherspannungen etwa um Faktor 3,9 für den Klebstoff EPO-TEK® H20E respektive Faktor 5,4 für den Klebstoff EPO-TEK® H70E größer als die vom Hersteller genannten Angaben mit 10,17 MPa respektive 7,38 MPa.

REM- und EDX-Analysen konnten nur für den elektrisch leitfähigen Klebstoff EPO-TEK® H20E umgesetzt werden, da das durch die Schertests bedingte vollständige Abplatzen des elektrisch isolierenden Klebstoffs EPO-TEK® H70E dessen Untersuchung verhinderte. REM-Analysen weisen keine idealen Oberflächen des Klebstoffs EPO-TEK® H20E nach. Es treten für alle Strahlendosen mehr oder weniger große Ausbrüche des Klebstoffs auf, wobei keine durchgängige Verschlechterung der Klebstoffoberfläche mit zunehmender Strahlendosis verzeichnet werden kann. Demnach können die durchgeführten REM-Analysen keine Degradation der Klebstoffe nachweisen. Zusätzlich weisen EDX-Analysen für verschiedene Strahlendosen qualitativ die gleiche Zusammensetzung sowie quantitativ eine sehr ähnliche Zusammensetzung des intakten Klebstoffs auf.

FTIR-Spektroskopie konnte nur für den elektrisch isolierenden Klebstoff EPO-TEK® H70E umgesetzt werden, da der Silberanteil von 60 ... 80 wt% des elektrisch leitfähigen Klebstoffs EPO-TEK® H20E dessen FTIR-Spektroskopie verhindert. Für den Klebstoff EPO-TEK® H70E schwankt die Absorbanz bei bestimmten Wellenzahlen für verschiedene applizierte Strahlendosen. Allerdings schwanken die Bandenhöhen unabhängig von der Strahlendosis, so dass auch mittels FTIR-Spektroskopie keine strahlungsbedingten Veränderungen des elektrisch isolierenden Klebstoffs EPO-TEK® H70E nachgewiesen werden können.

Auch die durchgeführten Leitfähigkeitsuntersuchungen des Klebstoffs EPO-TEK® H20E zeigen keine strahlungsinduzierten Veränderungen. So beträgt der mittlere spezifische elektrische Widerstand $1{,}575 \cdot 10^{-3}\ \Omega\mathrm{cm}$ und liegt somit innerhalb des empfohlenen Bereichs für isotrop leitende Klebstoffe mit $1{,}25 \ldots 100 \cdot 10^{-3}\ \Omega\mathrm{cm}$.

Insgesamt zeigen die durchgeführten Charakterisierungen der beiden Epoxidklebstoffe deren Eignung für den Aufbau von strahlenresistenten Röntgendetektoren.

Die Untersuchungen zur Anwendung des Zeilendetektors als spektroskopisches Dosimeter zeigen prinzipiell dessen Nutzbarkeit zur Bestimmung von Röhrenemissionsspektren. Die Messung der Zählwerte in Abhängigkeit der Eindringtiefe erfolgte für ungefilterte Bestrahlung sowie bei Bestrahlung mit separater oder gleichzeitiger Verwendung eines Kupfer-Filters (zur Filterung der von der Röntgenröhre emittierten niederenergetischen Strahlung) und eines Blei-Kollimators (zur Reduzierung der niederenergetischen Streustrahlung). Die Zählwerte folgen näherungsweise dem LAMBERT-BEERschen Schwächungsgesetz für monochromatische Strahlung. Bei der Emission polychromatischer Strahlung einer Röntgenröhre verursacht der energieabhängige Absorptionskoeffizient jedoch Abweichungen vom exponentiellen Abfall der Zählwerte. Weiterhin verdeutlichen bereits die Zählwertverteilungen die strahlaufhärtende Wirkung des Cu-Filters und des Pb-Kollimators, indem die Zählwerte für tiefergelegene Pixel anteilig zunehmen.

Zur Bestimmung des Emissionsspektrums einer Röntgenröhre diente die numerische Integration mittels eines vorgeformten Bremsspektrums als Rekonstruktionsalgorithmus. Es wurden verschiedene Ansätze für das vorgeformte Bremsspektrum verfolgt, wobei sich mögliche Formen nach Angaben in der Literatur richteten. Die genutzten vorgeformten, aus zwei Teilfunktionen bestehenden Bremsspektren lassen sich entweder durch ein kubisches und ein quadratisches Polynom oder durch zwei kubische Polynome beschreiben. Bei den Anpassungen wurden optional sowohl die Strahlaufhärtung infolge des Cu-Filters und des Pb-Kollimators als auch die verbleibende Streustrahlung berücksichtigt. Die besseren Anpassungen ließen sich im Allgemeinen für ein vorgeformtes Bremsspektrum ermitteln, welches sich mit zwei kubischen Polynomen beschreiben lässt. Eine zusätzliche Verbesserung der Anpassungen lieferte die Berücksichtigung der Strahlaufhärtung und der verbleibenden Streustrahlung. Die Strahlaufhärtung, die durch den Cu-Filter und den Pb-Kollimator verursacht wird, zeigt sich durch Vergrößerung der minimalen Photonenenergie des Röhrenspektrums sowie durch Vergrößerung der Photonenenergie bei maximaler Intensität. Weiterhin verhält sich die maximale Intensität der rekonstruierten Röhrenspektren entsprechend der optionalen Verwendung des Cu-Filters und des Pb-Kollimators. Durch die Verwendung des Cu-Filters oder des Pb-Kollimators reduziert sich die maximale Intensität bereits signifikant. Am geringsten ist die maximale Intensität entsprechend bei gleichzeitiger Verwendung des Cu-Filters und des Pb-Kollimators.

Ein Vergleich der rekonstruierten Röhrenspektren mit den mittels Monte-Carlo-Simulationen berechneten Röhrenspektren offenbart Unterschiede. So schneidet das spektroskopische Dosimeter im Vergleich zu den simulierten Röhrenspektren zu viele niederenergetische Röntgenphotonen aufgrund interner Begrenzungen ab. Dennoch verdeutlichen die gezeigten rekonstruierten Röhrenemissionsspektren, dass das spektroskopische Dosimeter für qualitative Bewertungen verwendet werden kann. So ist beispielsweise die Mehrfachmessung des Röhrenemissionsspektrums an verschiedenen Tagen denkbar, um den Zustand einer Röntgenröhre zu überwachen. Eine quantitative Bewertung würde dagegen die Ermittlung einer Eichkurve erfordern, welche die Relation zwischen simuliertem und rekonstruiertem Röhrenspektrum widerspiegelt.

A Auswerteelektronik

A.1 Funktionsprinzip

Im Absorber einfallende Röntgenphotonen mit einer Photonenenergie $E_{Ph} = 25 \ldots 150\,keV$ erzeugen einen Stromimpuls am Eingang der Ausleseschaltung, die in Bild A1 dargestellt ist. Die Amplitude des Stromimpulses schwankt zwischen 100 nA und 1500 nA, seine mittlere Zeitdauer beträgt 10 ns. Der Ladungsverstärker (CSA, Charge Sensitive Amplifier) erzeugt aus dem Stromimpuls einen Spannungsimpuls, dessen Amplitude durch die Größe der Rückkoppelkapazität C_{Feed} definiert ist. Eine weitere Rückkopplung durch den Feedback-Verstärker dient zur Sicherstellung eines konstanten DC-Arbeitspunktes (Direct Current). Somit können zum einen durch den Sensor verursachte Leckströme kompensiert werden. Zum anderen erfolgt eine Rücksetzung des Ladungsverstärkers nach der Anregung durch ein Photon in seinen ursprünglichen Zustand. Anschließend realisiert ein Transkonduktanzverstärker (OTA, Operational Transconductance Amplifier) eine Umformung des Spannungsimpulses zu einem Stromimpuls, wobei außerdem eine durch die Steilheit g_m des OTAs definierte Verstärkung des Signals erfolgt. Die so erzeugten Stromimpulse werden von drei benachbarten Pixeln addiert. Nachfolgend wird die resultierende Amplitude an einem Diskriminator mit einstellbarer Schwelle verglichen. Eine Überschreitung des Schwellwerts I_{th} signalisiert dem zählenden Digitalteil des Schaltkreises eine erforderliche Weiterverarbeitung des Stromimpulses.

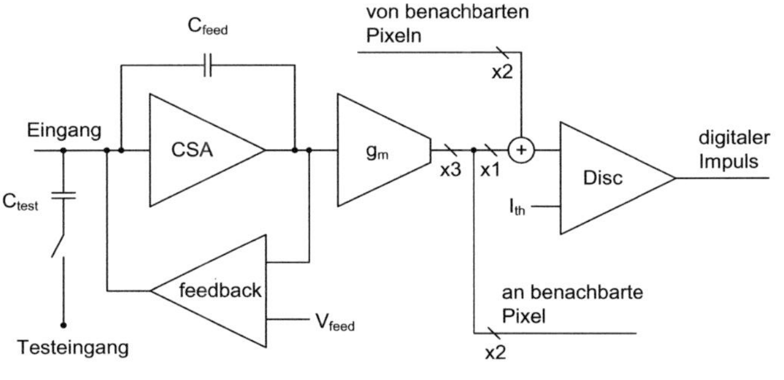

Bild A1: Blockschaltbild der Signalverarbeitung eines Analogkanals der Auswerteelektronik

A.2 Transistorparameter

	#1	#2	#3
w [µm]	4,95	9,03	23,90
l [µm]	0,35	1,00	5,00

Tabelle A1: Transistorparameter für gestreckte respektive ringförmige, nicht-isolierte NMOS-Transistoren

	#1	#2	#3	#4	#5	#6	#7
w [µm]	4,95	11,95	5,85	7,15	11,95	12,70	23,90
l [µm]	0,35	0,35	1,00	2,00	2,00	5,00	5,00

Tabelle A2: Transistorparameter für gestreckte respektive ringförmige, isolierte NMOS-Transistoren

	#1	#2	#3	#4	#5
w [µm]	10,00	10,00	10,00	10,00	10,00
l [µm]	0,35	0,50	1,00	5,00	10,00

Tabelle A3: Transistorparameter für gestreckte, isolierte respektive nicht-isolierte PMOS-Transistoren

Abbildungsverzeichnis

Tabellenverzeichnis

Literaturverzeichnis

[1] R. Glocker and E. Macherauch. *Röntgen- und Kernphysik für Mediziner und Biophysiker.* Georg Thieme Verlag, 1965.

[2] G.E.R. Schulze. *Physik der Röntgenstrahlen - 1. Lehrbrief.* Selbstverlag der Technischen Hochschule Dresden, 1956.

[3] E. Becker. *Grobstrukturprüfung mittels Röntgenstrahlung und Gammastrahlung.* VEB Verlag für Grundstoffindustrie, 1982.

[4] M.A. Blochin. *Physik der Röntgenstrahlen.* VEB Verlag Technik Berlin, 1957.

[5] F. Regler. *Einführung in die Physik der Röntgen- und Gammastrahlen - Unter Berücksichtigung der Elektronen- und Neutronenbeugung.* Verlag Karl Thiemig, 1967.

[6] C. Gerthsen. *Gerthsen Physik.* Springer, 2010.

[7] C.M. Lederer and V.S. Shirley. *Table of isotopes.* John Wiley & Sons, 1978.

[8] G.E.R. Schulze. *Physik der Röntgenstrahlen - 2. Lehrbrief.* Selbstverlag der Technischen Hochschule Dresden, 1961.

[9] B.L. Henke, E.M. Gullikson, and J.C. Davis. X-ray interactions: photoabsorption, scattering, transmission and reflection at E = 50 - 30000 eV, Z = 1 - 92. *At. Data Nucl. Data Tables*, 54:181–342, 1993.

[10] H. Krieger. *Grundlagen der Strahlungsphysik und des Strahlenschutzes.* Springer, 2009.

[11] N. Lossau. *Röntgen - Eine Entdeckung verändert unser Leben.* vgs, 1995.

[12] H. Heuer. Sensorsysteme für die zerstörungsfreie Prüfung und Strukturüberwachung, 2013.

[13] V.V. Nagarkar, V. Gaysinskiy, O.E. Ovechkina, S. Miller, B. Singh, L. Gup, and T. Irving. Bright semiconductor scintillator for high resolution X-ray imaging. *IEEE Trans. Nucl. Sci.*, 57:923–930, 2010.

[14] B.K. Cha, J.Y. Kim, T.J. Kim, Y. Kim, C. Sim, S.W. Lee, and G. Cho. Investigation of the performance of scintillator-based CMOS flat panel detectors for X-ray and thermal neutron imaging. *IEEE Trans. Nucl. Sci.*, 3:1409–1413, 2010.

[15] P. Muralidhran, S.J. Lee, B.K. Cha, J.Y. Kim, C.K. Kim, D.K. Kim, and G. Cho. Hydrothermal synthesis and characterization of nano Gd_2O_3(Eu) scintillator for high resolution X-ray imaging application. In *IEEE Nucl. Sci. Symposium Conf. Record*, 2009.

[16] T. Martin, P.-A. Douissard, M. Couchaud, A. Cecilia, T. Baumbach, K. Dupré, and A. Rack. LSO-based single crystal film scintillator for synchrotron-based hard X-ray micro-imaging. *IEEE Trans. Nucl. Sci.*, 56:1412–1418, 2009.

[17] F.H.W. Heuck and E. Macherauch. *Forschung mit Röntgenstrahlen*. Springer, 1995.

[18] A. Owens and A. Peacock. Compound semiconductor radiation detectors. *Nucl. Instrum. Methods Phys. Res., Sect. A*, 531:18–37, 2004.

[19] W. Shockley. Problems related to p-n junctions in silicon. *Solid State Electron.*, 2:35–67, 1961.

[20] G. Bertuccio and D. Maiocchi. Electron-hole pair generation energy in gallium arsenide by X- and gamma-photons. *J. Appl. Phys.*, 92:1248–1255, 2002.

[21] G.C. Sun and N. Talbi. Suitability of epitaxial GaAs for X-ray imaging. *Appl. Phys. Lett.*, 85:2399–2401, 2004.

[22] T. Eggert. *Die spektrale Antwort von Silizium-Röntgendetektoren*. PhD thesis, Technische Universität München, Fakultät für Physik, 2004.

[23] T. Lohse, M. Oppermann, R. Metasch, T. Zerna, M. Seilmayer, and K.-J. Wolter. Packaging for radiation resistant X-ray detectors. In *Proc. 33rd Int. Electronics Technology Spring Seminar*, pages 138–142, 2010.

[24] M. Oppermann, T. Lohse, R. Metasch, T. Zerna, and K.-J. Wolter. X-ray resistant packaging for X-ray line detectors. In *Proc. 3rd Electronic System-Integration Technology Conf.*, pages 1–4, 2010.

[25] W. Shockley. Currents to conductors induced by a moving point charge. *J. Appl. Phys.*, 9:635–636, 1938.

[26] S. Ramo. Currents induced by electron motion. In *Proc. of the I.R.E.*, 1939.

[27] K. Hecht. Zum Mechanismus des lichtelektrischen Primärstroms in isolierenden Kristallen. *Zeitschrift für Physik*, 77:235–245, 1932.

[28] M. Löcker. *Charakterisierung von bildgebenden Pixeldetektoren aus Si und CdTe ausgelesen mit dem zählenden Röntgenchip MPEC 2.3.* PhD thesis, Universität Bonn, Physikalisches Institut, 2007.

[29] M.A. Abdalla. *Pixel detectors and electronics for high energy radiation imaging.* PhD thesis, The Royal Institute of Technology Department of Electronics, Solid State Electronics Electrum 229, SE-164 40 Kista, Sweden, 2001.

[30] S. Krimmel. Entwicklung eines Auslesesystems für Röntgen-Pixelchips und Messungen mit einem CdTe-Sensor. Master's thesis, Universität Bonn - Physikalisches Institut, 2002.

[31] A. Korn. *Spektrale und bildgebende Eigenschaften photonenzählender Röntgendetektoren am Beispiel des Medipix-Detektors.* PhD thesis, Friedrich-Alexander-Universität Erlangen-Nürnberg, 2007.

[32] M. Lindner. *Entwicklung eines zählenden Pixeldetektors für „Digitales Röntgen".* PhD thesis, Universität Bonn - Physikalisches Institut, 2001.

[33] G.C. Sun, J.C. Bourgoin, D. Chambellan, O. Gal, and P. Pillot. A comparison between GaAs and CdTe for X-ray imaging. *IEEE Transactions on Nuclear Science*, 51:2400–2404, 2004.

[34] A. Owens, H. Andersson, M. Bavdaz, G. Brammertz, C. Erd, T. Gagliardic, V. Gostilo, N. Haack, J. Lisjutin, S. Nenonen, A. Peacock, H. Sipila, I. Taylor, and S. Zataloka. Development of compound semi-conductor arrays for X- and gamma ray spectroscopy. *Proc. SPIE*, 4507:42–49, 2001.

[35] C.S. Rossington, J.T. Walton, and J.M. Jaklevic. Si(Li) detectors with thin dead layers for low energy X-ray detection. *IEEE Trans. Nucl. Sci.*, 38:239–243, 1991.

[36] C.S. Rossington, P.M. Fine, and N.W. Madden. Large area, low capacitance Si(Li) detectors for high rate X-ray applications. *IEEE Trans. Nucl. Sci.*, 40:354–359, 1993.

[37] P.N. Luke, C.S. Rossington, and M.F. Wesela. Low energy X-ray response of Ge detectors with amorphous Ge entrance contacts. *IEEE Trans. Nucl. Sci.*, 41:1074–1079, 1994.

[38] A. Owens, A. Peacock, and M. Bavdaz. Progress in compound semiconductors. *Proc. SPIE*, 4851:1059–1070, 2003.

[39] F. Chen, K. Wang, Y. Fang, N. Allec, G. Belev, S. Kasap, and K.S. Karim. Direct-conversion X-ray detector using lateral amorphous selenium structure. *IEEE Sens. J.*, 11:505–509, 2011.

[40] P.J. van Heerden. The crystal counter. *Physica XVI*, 6:505–516, 1950.

[41] A. Owens, H. Andersson M. Bavdaz, C. Erd, T. Gagliardi, V. Gostilo, N. Haack, M. Krumrey, V. Lämsä, D. Lumb, I. Lisjutin, I. Major, S. Nenonen, A. Peacock, H. Sipila, and S. Zatoloka. Development of compound semiconductor detectors for X- and gamma-ray spectroscopy. *Proc. SPIE*, 4574:244–258, 2002.

[42] P.J. Sellin. Recent advances in compound semiconductor radiation detectors. *Nucl. Instrum. Methods Phys. Res., Sect. A*, 513:332–339, 2003.

[43] M. Bavdaz, A. Peacock, and A. Owens. Future space applications of compound semiconductor X-ray detectors. *Nucl. Instrum. Methods Phys. Res., Sect. A*, 531:123–131, 2001.

[44] S. Einert. Charakterisierung von Detektionsmaterialien für direktkonvertierende Röntgenpixeldetektoren. Master's thesis, Technische Universität Bergakademie Freiberg, 2006.

[45] J.C. Bourgoin. A new GaAs material for X-ray imaging. *Nucl. Instrum. Methods Phys. Res., Sect. A*, 460:159–164, 2001.

[46] S. Manolopoulos, R. Bates, M. Campbell, C. Da Via, E. Heijne, M. Heuken, H. Jurgensen, J. Ludwig, D. Marder, K. Mathieson, V. O'Shea, C. Raine, M. Rogalla, and K.M. Smith. Developments in GaAs pixel detectors for X-ray imaging. *IEEE Trans. Nucl. Sci.*, 45:394–400, 1998.

[47] A. Owens, M. Bazdaz, S. Kraft, A. Peacock, S. Nenonen, and H. Andersson. The hard X-ray response of epitaxial GaAs detectors. *Nucl. Instrum. Methods Phys. Res., Sect. A*, 442:360–363, 2000.

[48] C. Erd, A. Owens, G. Brammertz, D. Lumb, M. Bavdaz, A. Peacock, S. Nenonen, and H. Andersson. Measurements of the quantum efficiency and depletion depth in gallium-arsenide detectors. *Proc. SPIE*, 4784:386–393, 2002.

[49] M. Mitschke. *Evaluation of different sensor materials for the Medipix X-ray sensor.* PhD thesis, Friedrich-Alexander Universität Erlangen-Nürnberg, 2006.

[50] L.J. Brillson. *Contacts to semiconductors.* Crest Publishing House, 2005.

[51] N. Braslau, J.B. Gunn, and J.L. Staples. Metal-semiconductor contacts for GaAs bulk effect devices. *Solid-State Electron.*, 10:381–383, 1967.

[52] A.G. Baca, F. Ren, J.C. Zolper, R.D. Briggs, and S.J. Pearton. A survey of ohmic contacts to III-V compound semiconductors. *Thin Solid Films*, 308-309:599–606, 1997.

[53] A. Messica, U. Meirav, and H. Shtrikman. Refractory metal-based low-resistance ohmic contacts for submicron GaAs heterostructure devices. *Thin Solid Films*, 257:54–57, 1995.

[54] T.C. Shen, G.B. Gao, and H. Morkoç. Recent developments in ohmic contacts for III-V compound semiconductors. *J. Vac. Sci. Technol., B*, 10:2113–2132, 1992.

[55] A. Owens, M. Bavdaz, A. Peacock, A. Poelaert, H. Andersson, S. Nenonen, H. Sipila, L. Tröger, and G. Bertuccio. High resolution X-ray spectroscopy using GaAs arrays. *J. Appl. Phys.*, 90:5376–5381, 2001.

[56] C. Erd, A. Owens, G. Brammertz, M. Bavdaz, A. Peacock, V. Lämsä, S. Nenonen, H. Andersson, and N. Haack. Hard X-ray test and evaluation of a prototype 32 x 32 pixel gallium–arsenide array. *Nucl. Instrum. Methods Phys. Res., Sect. A*, 487:78–89, 2002.

[57] D.C. Meyer. Röntgendiffraktometrie und Röntgenspektroskopie, 2009.

[58] M. Schlenther. *Untersuchung der Strahlungsempfindlichkeit von MOS-Halbleiterspeichern.* PhD thesis, Technische Universität Braunschweig, 1980.

[59] G. Lutz. *Semiconductor radiation detectors.* Springer, 2007.

[60] R. Velazco, P. Fouillat, and R. Reis. *Radiation effects on embedded systems.* Springer, 2007.

[61] A. Johnston. *Reliability and radiation effects in compound semiconductors.* World Scientific, 2010.

[62] K. Shenai, K.F. Galloway, and R.D. Schrimpf. The effects of space radiation exposure on power MOSFETs: A review. *Int. J. High Speed Electron. Syst.*, 14:445–463, 2004.

[63] A. Holmes-Siedle and L. Adams. *Handbook of radiation effects.* Oxford Science Publications, 1993.

[64] H. Göbel. *Einführung in die Halbleiter-Schaltungstechnik.* Springer, 2008.

[65] G.F. Derbenwick and B.L. Gregory. Process optimization of radiation hard CMOS circuits. *IEEE Trans. Nucl. Sci.*, 22:2151–2158, 1975.

[66] R.D. Schrimpf, P.J. Wahle, R.C. Andrews, D.B. Cooper, and K.F. Galloway. Dose-rate effects on the total-dose threshold-voltage shift of power MOSFETs. *IEEE Trans. Nucl. Sci.*, 35:1536–1540, 1988.

[67] K.F. Galloway, M. Gaitan, and T.J. Russell. A simple model for separating interface and oxide charge effects in MOS devices characteristics. *IEEE Trans. Nucl. Sci.*, 31:1497–1501, 1984.

[68] D. Zupac, P. Khosropour, A. Anderson, R.D. Schrimpf, and K.F. Galloway. Separation of effects of oxide-trapped charge and interface-trapped charge on mobility in irradiated power MOSFETs. *IEEE Trans. Nucl. Sci.*, 40:1307–1315, 1993.

[69] S.P. Carfagno and R.J. Gibson. *A review of equipment aging theory and technology.* Electric Power Research Institute, 1980.

[70] V. Gueguen, L. Audouin, B. Pinel, and J. Verdu. Lifetime prediction in the case of radiooxidative ageing of an ethylenepropylene rubber used for electrical insulation. *Polym. Degrad. Stab.*, 46:113–122, 1994.

[71] P.P. Klemchuk. Protecting polymers against damage from gamma radiation. *Radiat. Phys. Chem.*, 41(1-2):165–172, 1993.

[72] J. Wang, G.A. Botton, M. West, and A.P. Hitchcock. Quantitative evaluation of radiation damage to polyethylene terephthalate by soft X-rays and high-energy electrons. *J. Phys. Chem. B*, 113:1869–1876, 2009.

[73] T. Coffey, S.G. Urquhart, and H. Ade. Characterization of the effects of soft X-ray irradiation on polymers. *J. Electron. Spectrosc. Relat. Phenom.*, 122:65–78, 2002.

[74] L. Zhang, H. Zhang, L. Yu, W. Zhang, Z. Mo, and D. Chen. Gamma-radiation damage to polyamide-1010 crystal structure. *Polym. Int.*, 35:355–359, 1994.

[75] A.G. Richter, R. Guico, K. Shull, and J. Wang. Thickness and interfacial roughness changes in polymer thin films during X-irradiation. *Macromolecules*, 39:1545–1553, 2006.

[76] A.G. Richter, J. Wang, R. Guico, and K. Shull. X-radiation damage of polymer thin films, 2001. The Advanced Photon Source User Activity Report.

[77] U.M. Bhatta, J. Ghatak, M. Mukhopadhyay, J. Wang, S. Narayanan, and P.V. Satyam. Synchrotron X-ray induced damage in polymer (PS) thin films. *Nucl. Instrum. Methods Phys. Res., Sect. B*, 267:1807–1810, 2009.

[78] M.A. Parada, R.A. Minamisawa, M.V. Moreira, A. de Almeida, I. Muntele, and D. Ila. Damage effects of gamma and X-rays in polymer film electrets. *Surf. Coat. Tech.*, 201:8246–8249, 2007.

[79] B.H. Stuart. *Infrared spectroscopy: fundamentals and applications.* John Wiley & Sons, 2004.

[80] S. Nord. *Analytik von Novolak-Epoxidharzen für die Resistentwicklung in der Mikrosystemtechnik.* PhD thesis, TU Darmstadt, 2010.

[81] W. Scheel. *Baugruppentechnologie der Elektronik, Montage.* Verlag Technik, 1997.

[82] *MIL-STD-883G: METHOD 2019.7, Die shear strength.*

[83] B. Müller and W. Rath. *Formulierung von Kleb- und Dichtstoffen.* Vincentz Network, 2004.

[84] *Merkblatt DVS 2811: Prüfverfahren für Drahtbondverbindungen*, 1996.

[85] J. Goldstein. *Scanning electron microscopy and X-ray microanalysis.* Springer, 2003.

[86] S.L. Flegler, J.W. Heckman, and K.L. Klomparens. *Elektronenmikroskopie - Grundlagen, Methoden, Anwendungen.* Spektrum Akademischer Verlag, 1995.

[87] F. Eggert. *Standardfreie Elektronenstrahl-Mikroanalyse mit dem EDX im Rasterelektronenmikroskop.* Books on Demand GmbH, 2005.

[88] A.J. Garrett-Reed and D.C. Bell. *Energy-dispersive X-ray analysis in the electron microscope.* BIOS Scientific Publishers Limited, 2003.

[89] C.N. Banwell and E.M. McCash. *Molekülspektroskopie.* Oldenburg, 1999.

[90] W. Gottwald and G. Wachter. *IR-Spektroskopie für Anwender.* Wiley-VCH, 1997.

[91] H. Günzler and H. Böck. *IR-Spektroskopie.* Verlag Chemie, 1975.

[92] J. Weidlein, U. Müller, and K. Dehnicke. *Schwingungsspektroskopie.* Georg Thieme Verlag, 1982.

[93] I.N. Bronstein, K.A. Semendjajew, G. Musiol, and H. Mühlig. *Taschenbuch der Mathematik.* Verlag Harri Deutsch, 2001.

[94] J.S. Blakemore. Semiconducting and other major properties of gallium arsenide. *J. Appl. Phys.*, 53:123–181, 1982.

[95] D. Vrtacnik, D. Krizaj, T. Mali, D. Resnik, U. Aljancic, and S. Amon. Side-illuminated 100 mm pitch X-ray detector for digital radiology. *Sens. Actuators, A*, 85:209–216, 2000.

[96] F. Dubecký, P. Ščepko, B. Zat'ko, V. Sekerka, V. Nečas, M. Sekáčová, M. Hudec, A. Perd'ochová, and P. Boháček. Digital X-ray scanner based on monolithic line of semi-insulating GaAs radiation detectors. In *ASDAM 2004, The Fifth International Conf. on Advanced Semiconductor Devices and Microsystems*, 2004.

[97] B. Zat'ko, F. Dubecký, A. Perd'ochová, P. Ščepko, V. Melov, J. Škriniarová, and L. Haupt. Test of 24 strip line radiation detector based on semi-insulating GaAs using X-ray source. In *ASDAM 2004, The Fifth International Conf. on Advanced Semiconductor Devices and Microsystems*, 2004.

[98] R. Ballabriga, M. Campbell, E. Heijne, X. Llopart, L. Tlustos, and W. Wong. Medipix3: A 64 k pixel detector readout chip working in single photon counting mode with improved spectrometric performance. *Nucl. Instrum. Methods Phys. Res., Sect. A*, 633:S15–S18, 2011.

[99] E.N. Gimenez, R. Ballabriga, M. Campbell, I. Horswell, X. Llopart, J. Marchal, K.J.S. Sawhney, N. Tartoni, and D. Turecek. Characterization of Medipix3 with synchrotron radiation. *IEEE Trans. Nucl. Sci.*, 58:323–332, 2011.

[100] M. Oppermann, O. Albrecht, T. Lohse, R. Metasch, T. Zerna, and K.-J. Wolter. Packaging development for GaAs X-ray line detectors. In *Proc. 13th Electronics Packaging Technology Conf.*, 2011.

[101] T. Lohse, P. Krüger, H. Heuer, M. Oppermann, H. Torlee, K.-J. Wolter, and N. Meyendorf. Modular design of fully integrated counting line detectors. In *Proc. Eurosensors XXVI*, 2012.

[102] http://www.ioffe.ru/SVA/NSM/Semicond/GaAs/thermal.html, Oktober 2013.

[103] *Mühlmeier: YTZ - Datenblatt*, 2009.

[104] W. Martienssen and H. Warlimont. *Springer handbook of condensed matter and materials data.* Springer, 2005.

[105] K.-J. Wolter. Aufbau- und Verbindungstechnik I, 2011.

[106] K.-J. Wolter. Aufbau- und Verbindungstechnik II, 2011.

[107] T. Lohse, P. Krüger, H. Heuer, M. Oppermann, H. Torlee, T. Zerna, K.-J. Wolter, and N. Meyendorf. Development of radiation resistant, direct converting X-ray line detectors in terms of their assembly technology. In *Proc. Eurosensors XXV*, 2011.

[108] G. Bertuccio, R. Casiraghi, D. Maiocchi, A. Owens, M. Bavdaz, A. Peacock, H. Andersson, and S. Nenonen. Noise analysis of gallium arsenide pixel X-ray detectors coupled to ultra-low noise electronics. *IEEE Trans. Nucl. Sci.*, 50:723–728, 2003.

[109] B. Richter. Abschlussbericht des Projekts "PolyPixII" (Fraunhofer IPMS), 2007. Vertraulich.

[110] http://www.radiochemistry.org/periodictable/gamma_spectra/pdf/am241.pdf, Oktober 2013.

[111] T. Lohse, P. Krüger, H. Heuer, M. Oppermann, H. Torlee, and N. Meyendorf. Counting line detectors with one monolithically integrated readout circuit. In *Proc. SPIE Microtechnologies*, 2013.

[112] T. Lohse, P. Krüger, H. Heuer, M. Oppermann, H. Torlee, and N. Meyendorf. Modulares Design von integrierten, zählenden Zeilensensoren zur Detektion von Röntgenstrahlung. In *DGZfP-Jahrestagung*, 2013.

[113] J.D. Verhoeven. *Steel metallurgy for the non-metallurgist.* ASM International, 2007.

[114] A. Thompson, D. Attwood, E. Gullikson, M. Howells, K.-J. Kim, J. Kirz, J. Kortright, I. Lindau, Y. Liu, P. Pianetta, A. Robinson, J. Scofield, J. Underwood, and G. Williams. *X-ray data booklet.* Lawrence Berkeley National Laboratory, University of California, 2009.

[115] http://physics.nist.gov/PhysRefData/XrayMassCoef/ElemTab/z26.html, Mai 2013.

[116] R. Buhl. Entwurf eines Analog-Front-End für eine Röntgendetektorzeile. Master's thesis, Technische Universität Dresden, 2009.

[117] G. Anelli, M. Campbell, M. Delmastro, F. Faccio, S. Florist, A. Giraldo, E. Heijne, P. Jarron, K. Kloukinas, A. Marchioro, P. Moreira, and W. Snoeys. Radiation tolerant VLSI circuits in standard deep submicron CMOS technologies for the LHC experiments: practical design aspects. *IEEE Trans. Nucl. Sci.*, 46:1690–1696, 1999.

[118] W.T. Holman. Radiation-tolerant design for high performance mixed-signal circuits. *Int. J. High Speed Electron. Syst.*, 14:353–366, 2004.

[119] A. Cester and A. Paccagnella. Ionizing radiation effects on ultra-thin oxide MOS structures. *Int. J. High Speed Electron. Syst.*, 14:563–574, 2004.

[120] T. Lohse, P. Krüger, H. Heuer, M. Oppermann, H. Torlee, G. Bunk, and N. Meyendorf. Radiation hardness investigations of integrated readout circuits for a counting X-ray line detector. In *ASNT Annual Conf.*, 2013.

[121] U. Tietze and C. Schenk. *Halbleiter-Schaltungstechnik.* Springer, 2002.

[122] *Toshiba, SSM3K16FU, Field effect transistor silicon n channel MOS type.*

[123] *Toshiba, SSM3J16FS, Field effect transistor silicon p channel MOS type.*

[124] R. Hinterwaldner. *Epoxidharzklebstoffe: Rohstoffe, Herstellung, Anwendung.* Hinterwaldner, 1973.

[125] G. Kühl. *Epoxide und ihre Modifikationen für die Strahlenhärtung.* Hinterwaldner, 1985.

[126] M. Holst. *Reaktionsgeschwindigkeit von Epoxidharz-Systemen.* PhD thesis, TU Darmstadt, 2001.

[127] *Polytec PT: Epoxid- und Polyimid-Klebstoffe 2011.*

[128] *Epoxy Technology: EPO-TEK H20E - technical data sheet.*

[129] *Epoxy Technology: EPO-TEK H70E - technical data sheet.*

[130] A.S. Maxwell, W.R. Broughton, G. Dean, and G.D. Sims. Review of accelerated aging methods and lifetime prediction techniques for polymeric materials. NPL Report, DEPC MPR 016, 2005.

[131] B. Bruce, 2012. Private Mitteilung.

[132] E.B. Podgoršak. *Radiation physics for medical physicists - modes of radioactive decay.* Springer Berlin Heidelberg, 2010.

[133] http://www.ioffe.ru/SVA/NSM/Semicond/Si/mechanic.html, Mai 2013.

[134] R. Sanapala. *Characterization of FR-4 printed circuit board laminates before and after exposure to lead-free soldering conditions.* PhD thesis, University of Maryland, 2008.

[135] F.T. Wallenberger and P.A. Bingham. *Fiberglass and glass technology: energy-friendly compositions and applications.* Springer, 2010.

[136] M.E. Tuttle. *Structural analysis of polymeric composite materials.* CRC Press, 2013.

[137] H.-J. Gevatter and U. Grünhaupt. *Handbuch der Mess- und Automatisierungstechnik im Automobil.* Springer, 2006.

[138] http://www.csrri.iit.edu/mucal.html, Januar 2013.

[139] Bruker: Guide for infrared spectroscopy, 2011.

[140] Bruker: Almanac 2010 - 50 years of innovation.

[141] http://sdbs.db.aist.go.jp/sdbs/cgi-bin/direct_frame_top.cgi, Januar 2013.

[142] http://www.science-and-fun.de/tools/, Januar 2013.

[143] L. Silberstein. Determination of the spectral composition of X-ray radiation from filtration data. *J. Opt. Soc. Am.*, 22:265–280, 1932.

[144] L. Silberstein. Spectral composition of an X-ray radiation determined from its filtration curve. *Philos. Mag.*, 15:375–394, 1933.

[145] G.E. Bell. Spectral distribution in the continuous X-Ray spectrum and the specification of X-Ray quality. *Br. J. Radiol.*, 9:680–688, 1936.

[146] D.E.A. Jones. The determination from absorption data of the distribution of X-ray intensity in the continuous X-ray spectrum. *Br. J. Radiol.*, 13:95–101, 1940.

[147] G. Fehrenbacher, K. Tesfu, W. Panzer, and D. Regulla. Determination of diagnostic X-ray spectra scattered by a phantom. *Radiat. Prot. Dosim.*, 71:305–308, 1997.

[148] G.H. Yoo, K.J. Chun, and S.H. Ha. Unfolding of the measured spectra and determination of correction factors of a free air ionization chamber using EGS4 simulations. In *2nd International Workshop on EGS*, 2000.

[149] I. Kanno, S. Maetaki, H. Aoki, S. Nomiya, and H. Onabe. Low exposure X-ray transmission measurements for contrast media detection with filtered X-rays. *J. Nucl. Sci. Technol.*, 40:457–463, 2003.

[150] A. Querol, S. Gallardo, J. Ródenas, and G. Verdú. Application of Tikhonov and MTSVD methods to unfold X-ray spectra in the radiodiagnostic energy range. In *32nd Annual International Conference of the IEEE EMBS*, 2010.

[151] A. Querol, S. Gallardo, J. Ródenas, and G. Verdú. Application of the Tikhonov unfolding method for reconstruction of primary X-Ray spectra from X-Ray equipments. *J. Nucl. Sci. Technol.*, 2:219–225, 2011.

[152] J.E. Fernandez, V. Scot, J. Bare, F. Tondeur, S. Gallardo, J. Ródenas, and P.L. Rossi. Reconstruction of the X-ray tube spectrum from a scattering measurement. *Appl. Radiat. Isot.*, 70:1238–1242, 2012.

[153] M. Moralles, D.A.B. Bonifácio, M. Bottaro, and M.A.G. Pereira. Monte Carlo and least-squares methods applied in unfolding of X-ray spectra measured with cadmium telluride detectors. *Nucl. Instrum. Methods Phys. Res., Sect. A*, 580:270–273, 2007.

[154] M. Matsumoto, I. Honda, A. Taniguchi, and H. Kanamori. Direct measurement of mammographic X-ray spectra using a CdZnTe detector. *Am. Assoc. Phys. Med.*, 27:1490–1502, 2000.

[155] S. Miyajima, K. Imagawa, and M. Matsumoto. CdZnTe detector in diagnostic X-ray spectroscopy. *Am. Assoc. Phys. Med.*, 29:1421–1429, 2002.

[156] I. Kanno, R. Imamura, K. Mikami, A. Uesaka, M. Hashimoto, M. Ohtaka, K. Ara, S. Nomiya, and H. Onabe. A current-mode detector for unfolding X-ray energy distribution. *J. Nucl. Sci. Technol.*, 45:1165–1170, 2008.

[157] M. Hashimoto, M. Ohtaka, K. Ara, I. Kanno, R. Imamura, K. Mikami, S. Nomiya, and H. Onabe. Simulation study on unfolding methods for diagnostic X-rays and mixed gamma rays. *J. Nucl. Sci. Technol.*, 46:76–82, 2009.

[158] B.R. Archer. A Laplace transform pair model for spectral reconstruction. *Am. Assoc. Phys. Med.*, 9:844–847, 1982.

[159] B.R. Archer, P.R. Almond, and L.K. Wagner. Application of a Laplace transform pair model for high-energy X-ray reconstruction. *Am. Assoc. Phys. Med.*, 12:630–633, 1985.

[160] B.R. Archer, L.K. Wagner, D.A. Johnston, P.R. Almond, and S.C. Bushong. Analysis of errors in spectral reconstruction with a Laplace transform pair model. *Phys. Med. Biol.*, 30:411–418, 1985.

[161] B.R. Archer, T.R. Fewell, and L.K. Wagner. Laplace reconstruction of experimental diagnostic X-ray spectra. *Am. Assoc. Phys. Med.*, 15:832–837, 1988.

[162] B.R. Archer and L.K. Wagner. A modified X-ray spectra reconstruction technique. *Phys. Med. Biol.*, 33:1399–1406, 1988.

[163] P.-H. Huang, K.R. Kase, and B.E. Bjängard. Reconstruction of 4-MV bremsstrahlung from measured transmission data. *Am. Assoc. Phys. Med.*, 10:778–786, 1983.

[164] M. Rubio and R.T. Mainardi. Determination of X-ray spectra including characteristic line intensities from attenuation data. *Phys. Med. Biol.*, 29:1371–1376, 1984.

[165] B.R. Archer and L.K. Wagner. Determination of diagnostic X-ray spectra with characteristic radiation using attenuation analysis. *Am. Assoc. Phys. Med.*, 15:637–641, 1988.

[166] P.-H. Huang, T.-S. Chen, and K.R. Kase. Reconstruction of diagnostic X-ray spectra by numerical analysis of transmission data. *Am. Assoc. Phys. Med.*, 13:707–710, 1986.

[167] P. François, A. Catala, and C. Scouarnec. Simulation of X-ray spectral reconstruction from transmission data by direct resolution of the numeric system AF = T. *Am. Assoc. Phys. Med.*, 20:1695–1703, 1993.

[168] S. Gallardo, G. Verdú, and J. Ródenas J. I. Villaescusa. Application of unfolding techniques to obtain an X-ray primary spectrum. In *International Congress of the International Radiation Protection Association*, 2004.

[169] S. Gallardo, D. Ginestar, G. Verdú, J. Ródenas, V. Puchades, and J.I. Villaescusa. X-ray spectrum unfolding using a regularized truncated SVD method. *X-Ray Spectrom.*, 35:63–70, 2006.

[170] M. Firsching, P.T. Talla, T. Michel, and G. Anton. Material resolving X-ray imaging using spectrum reconstruction with Medipix2. *Nucl. Instrum. Methods Phys. Res., Sect. A*, 591:19–23, 2008.

[171] T. Michel, P.T. Talla, M. Firsching, J. Durst, M. Böhnel, and G. Anton. Reconstruction of X-ray spectra with the energy sensitive photon counting detector Medipix2. *Nucl. Instrum. Methods Phys. Res., Sect. A*, 598:510–514, 2009.

[172] P. Talla, T. Michel, M. Firsching, J. Durst, and G. Anton. Exploiting the Medipix2 detector for the reconstruction of X-ray spectra. *Nucl. Instrum. Methods Phys. Res., Sect. A*, 607:103–106, 2009.

[173] http://physics.nist.gov/PhysRefData/XrayMassCoef/ComTab/gallium.html, Oktober 2013.

[174] J. Li, X.-B. Huang, S.-Q. Zhang, L.-B. Yang, and W.-P. Xie. Investigation of spectra unfolded for a filtered X-ray diode array with improved smoothness. *Rev. Sci. Instrum.*, 80:063106, 2009.

[175] D.R. Dance. A method for the reconstruction of diagnostic X-ray spectra from measurements of attenuation. *Phys. Med. Biol.*, 32:1631–1638, 1987.

[176] J. Mühlbauer, 2012. Private Mitteilung.

[177] H.D. Lee, L. Yu T. Feng, D. Mastrogiovanni, A. Wan, T. Gustafsson, and E. Garfunkel. Reduction of native oxides on GaAs during atomic layer growth of Al_2O_3. *Appl. Phys. Lett.*, 94:222108, 2009.

[178] A. Gocalinska, K. Gradkowski, V. Dimastrodonato, L.O. Mereni, G. Juska, G. Huyet, and E. Pelucchi. Wettability and "petal effect" of GaAs native oxides. *J. Appl. Phys.*, 110:034319, 2011.

Danksagung

An dieser Stelle möchte ich mich bei allen bedanken, die zum Gelingen dieser Arbeit beigetragen haben.

Bei meinem Doktorvater Jun.-Prof. Henning Heuer bedanke ich mich für die Ermöglichung der Promotion und die aufgebrachte Unterstützung. Weiterhin danke ich Prof. Klaus-Jürgen Wolter, der in den ersten 3,5 Jahren meines Promotionsstudiums mein Doktorvater war und richtungsweisende Impulse gab. Zusätzlich bedanke ich mich bei Prof. Ulrich Schmid für die Übernahme des Zweitgutachtens.

Mein besonderer Dank gilt Dr. Peter Krüger für die zahlreichen Diskussionen, die wesentlich zum Erfolg dieser Arbeit beigetragen haben. Weiterhin möchte ich mich bei Prof. Thomas Zerna und Dr. Martin Oppermann für die hilfreichen Anregungen bezüglich des entwickelten Röntgendetektors bedanken.

Hannes Torlee und Gerd Bunk danke ich für die Erläuterungen bezüglich der entworfenen Elektronik, die für den Betrieb des Röntgendetektors sowie für die Evaluierung seiner Strahlenresistenz notwendig war.

Außerdem möchte ich mich bei Dr. Rüdiger Rosenkranz für die Durchführung der REM- und EDX-Analysen sowie bei Jörg Mühlbauer für die Bereitstellung der simulierten Röhrenemissionsspektren bedanken.

Herzlich danke ich nicht zuletzt meiner Familie für ihre fortwährende Unterstützung während meines Promotionsstudiums.